KB090569

파티플래너 정지수의

이미지 메이킹 파워

Image Making Power

Preface

21세기는 전문 지식인이 주도하는 정보의 시대이며 이미지 커뮤니케이션의 시대이다. 자신의 모습을 사랑하고 자신에게 어울리는 이미지를 찾아내어 사회가 요구하는 전략적 이미지를 만들어가야 한다. 이미지 메이킹(Image Making)이란 전체적인 이미지를 진단하여 사람의 첫인상뿐만 아니라 개인의 성격이나 개성에 따라 표정 이미지, 피부색 이미지, 목소리, 헤어 메이크업, 자세, 매너, 스피치 등 총체적인 이미지를 진단하고 상황에 걸맞은 이미지로 만들어가는 일련의 과정을 말한다.

본서는 이들의 개념을 이해하고 이미지의 형성과정에 필요한 요소로 외적 이미지의 강화와 긍정적인 내적 이미지의 결합을 목표로 하고 있다. 얼굴 이미지에서 첫인상의 중요성, 태도 이미지의 올바른 자세, 커뮤니케이션 능력, 글로벌 매너, 컬러 이미지, 패션 이미지 등 다양한 콘텐츠를 제공한다.

특히 글로벌 시대를 맞이하여 이미지 메이킹(Image Making)은 이제 없어서는 안 될 삶의 성장이며 새로운 미래로 나아가는 위대한 힘이 될 것이다. 또한 자신에게 가장 잘 어울리는 이미지를 모색하여 성공적인 사회활동을 하는 글로벌 리더로서의 역량과 자질을 개발해야 할 것이다.

우리는 지금 이미지 무한경쟁의 시대에 살고 있다. 이미지를 보고, 느끼며 때론 좌절과 성공을 맛본다. 그리고 자신이 꿈꾸던 성공과 진정한 행복을 찾으러 흔들림 없이 가야 하는 운명을 만나기도 한다.

모쪼록 본서가 독자와의 첫 만남, 첫인상에서 좋은 이미지를 남기는 한 권의 책이 되어주길 바라며 언제나 변함없이 나무 같은 사랑으로 내 옆에서 용기와 믿음을 그리고 격려를 주는 사랑하는 이에게 이 책을 바친다.

2009년 12월 저자 정지수

Contents

Chapter_1 이미지 메이킹 ---- 7

01 이미지 메이킹의 이해 8

Chapter_2 얼굴 이미지 ---- 15

01 첫인상(First Impression) 16
02 표정관리 19
03 웃음연구 27

Chapter_3 태도 이미지 ---- 31

01 올바른 자세 32
02 기본자세 33
03 워킹 이미지(Walking Image) 35
04 인사자세 39
05 정중한 안내자세 49

Chapter_4 커뮤니케이션 ---- 51

01 커뮤니케이션의 이해 52
02 커뮤니케이션의 정의 53
03 언어적 커뮤니케이션 54
04 비언어적 커뮤니케이션 63

Chapter_5 목소리 이미지 ---- 71

01 목소리의 개념과 종류 ······ 72
02 목소리를 좋게 하는 방법 ······ 74
03 보이스 트레이닝(Voice Training) ······ 76
04 스피치(Speech) ······ 79
05 효과적인 전화응대(Telephone Image) ······ 87

Chapter_6 글로벌 매너 ---- 93

01 매너와 에티켓 ······ 94
02 상황별 에티켓과 매너 ······ 96
03 악수 매너 ······ 100
04 명함 매너 ······ 103
05 방문 매너 ······ 105
06 선물 매너 ······ 108
07 제스처 매너 ······ 110
08 공공장소에서의 매너 ······ 112
09 여행 매너 ······ 121

Chapter_7 테이블 매너 ---- 129

01 테이블 매너의 정의 ······ 130
02 와인의 이해 ······ 138
03 음주 매너 ······ 152
04 동양식 테이블 매너 ······ 155

Contents

Chapter_8 퍼스널 컬러 이미지 ---- 159

01 컬러의 개념과 기능 160
02 퍼스널 컬러 이미지 메이킹 175
03 퍼스널 컬러의 유형에 따른 사계절 이미지(Four Season Color) 179
04 사계절 Make Up 191

Chapter_9 트렌드 이미지 ---- 197

01 트렌드(Trend) 198

Chapter_10 패션 이미지 ---- 211

01 패션의 이해 212
02 여성의 패션 이미지 241

Chapter_11 면접 이미지 ---- 259

01 성공적 면접을 위한 이미지 연출법 260

■ 참고문헌 ---- 267

이미지 메이킹의 기본원리는 외적 이미지를 강화하고,

긍정적인 내적 이미지를 결합하여

상대에게 자연스럽게 호감을 주는 것이다.

성공한 사람들의 공통점은

자신의 이미지를 긍정적이고 효과적으로 표현할 줄 아는데

이는 대부분 타고나기보다는 후천적인 노력에 의해 얻게 되는 것이다.

21세기는 이미지 메이킹의 시대이다.

자신의 부가가치를 최고로 높이고 싶다면

자기만의 고유한 이미지를 구축하고 있어야 한다.

1. 이미지 메이킹

Image Making

01 이미지 메이킹의 이해

1) 이미지(Image) 정의

이미지란 마음속에 그려지는 상(象), 표상(表象), 심상(心象), 영상(映象)의 뜻을 지니고 있다. 어원은 라틴어의 'Imago'에서 비롯되었으며 이는 사물이나 사람에게 받는 인상과 이전 감각에 의해 얻어졌던 것이 마음속에서 재생하는 것을 말한다. 즉 "사람의 마음속에는 어떤 대상이 떠오르며 인간관계 속에서 그 사람에 대한 느낌이나 생각, 얼굴의 생김새와 표정, 말씨, 옷차림, 태도 등에 따라 형상이 만들어지게 되는 것"을 이미지라고 한다. 개인에 대한 이미지(Personal Image)는 그 사람에 대한 독특하고 고유하며 특이한 느낌을 말하며, 이미지 메이킹은 "이미지를 만든다", "이미지를 향상시킨다"라는 의미에서도 알 수 있듯이 개개인이 가지고 있는 내적 요소와 외적 요소의 통합으로 자신의 개성과 직업, 신분 등을 그 사람이 추구하는 상황에 맞게 개선시켜 상대에게 호감을 줄 수 있는 최상의 이미지를 만드는 것이라 할 수 있다. 그러므로 자신의 부가가치를 최고로 높이고 싶다면 자기만의 고유한 이미지를 구축하고 있어야 하며 좋은 이미지는 개인의 가치를 올려주고 이러한 좋은 이미지를 만들기 위해서는 대다수 사람들에 의해 미의식과 가치관이 전제되어야 한다.

2) 이미지의 형성과정

이미지의 형성은 올바른 이미지를 보여주는 데 필요한, 즉 자신을 어떤 모습으로 나타낼 것인가를 정해 놓고 그런 모습이 나올 수 있도록 준비하는 것이다. 이미지를 형성하기 위해서는 내적인 이미지(Internal Image)와 외적인 이미지(External Image)를 택해 이를 효과적으로 연출할 수 있어야 한다. 개인의 이미지(Personal Image)가 형성되는 요소로는 심리적, 신체적, 환경적으로 여러 요인이 있을 수 있으나 자신에게 맞는 표현방식을 통일시키고 변화를 주어 적극적인 자세와 열정적인 모습을 보여주어야 할 것이다.

(1) 외적 이미지 연출방법

표정, 헤어스타일, 패션, 보디랭귀지 등 시각적 이미지로 표현되는 연출방법을 말하며 현재 자신의 모습을 그대로 드러나게 하는 것을 닮고 싶은 사람과 흡사하게 보일 수 있도록 이미지를 연출하기도 한다.

(2) 내적 이미지 연출방법

외적 이미지와 달리 내적 이미지는 보이지 않는 내면의 정서적인 형상을 뜻한다. 올바른 내면의 이미지를 만드는 방법은 자신의 장점을 개발하고 부각시켜 올바르고 바람직한 방향으로 타인을 배려하고 존중하는 것을 말한다.

3) 이미지 요소

이미지를 나타내는 요소는 용모(Appearance), 표정(Expression), 태도(Attitude), 말씨(Voice) 이미지로 분류한다.

(1) 용모 이미지(Appearance)

사람의 외모는 그 사람의 심성과 생각이 작용하고 감정과 습관이 영향을 주어 자세와 행동이 수반되고 표정과 말에 영향을 준다. 그 사람의 체형에 맞는 옷차림이나 얼굴형에 맞는 헤어스타일, 피부색에 따른 자연스런 메이크업, 심지어 성형수술에 이르기까지 전체적인 조화로 호감 가는 연출을 하는 것이다.

(2) 표정 이미지(Expression)

사람의 표정은 개인의 눈과 입의 표정에 의해 다르게 표현된다. 밝고 명랑한 표정과 미소를 띤 얼굴 표정은 첫인상을 좋게 하여 상대방을 편안하게 해주어 부드러운 인상으로 표현되며 상대방에게 호감을 주기 때문에 얼굴의 눈이나 입의 표정을 밝게 훈련시켜서 원만한 대인관계를 형성할 수 있다.

(3) 태도 이미지(Attitude)

상대방을 만났을 때 말을 건네지 않고도 상대의 마음을 편안하게 해줄 수 있는 것은 상대방에 대한 자연스러운 태도일 것이다. 인사는 여러 가지 예절 중에도 가장 기본이 되는 표현으로 상대방을 인정하고 존중하며 반가움을 나타내는 형식이다. 이처럼 태도는 인격을 나타내는 중요한 매체가 되며 선 자세, 앉는 자세, 걷는 자세, 바른 자세, 말할 때의 제스처 등 자신의 이미지를 결정짓는 중요한 요소가 된다.

(4) 말씨 이미지(Voice)

말은 그 사람의 생각과 습관에 의해 작용하고 모든 행동의 기본단계라고 할 수 있다. 올바른 대화법과 친절한 말씨는 상대방을 존경한다는 마음의 뜻을 전하기 때문에 그 사람의 교양과 성품을 잘 말해주는 중요한 역할을 한다. 우선 상대방의 직위나 나이에 따라 올바른 경어를 사용하여 싱대에게 좋은 인상을 남기도록 한다.

4) 개인 이미지(Personal Image)

현대는 이미지의 시대라 해도 과언이 아니다. 사람의 이미지는 그 사람의 현재와 미래를 보여주며 자신이 되고자 하는 목표가 명확히 정해졌다면 먼저 자신의 이미지부터 만들어가야 한다. 개인의 개관적 이미지 역할은 상대방의 머릿속에 어떠한 이미지로 인식되어 있는가에 따라 달라진다.

(1) 개인 이미지 요소

1 표정관리 하기

의사소통이 일어날 때 표정 없는 얼굴은 상대방의 마음을 닫히게 한다. 사람을 만날 때는 늘 입가에 부드러운 미소를 띠는 습관을 길러야 한다. 표정관리를 잘하기 위해 미소 짓는 연습을 꾸준히 반복하도록 한다.

2 좋은 매너 갖기

세련된 매너를 연출하는 것은 상대방에게 호감을 주며 자신에게도 좋은 결과를 가져다준다. 성공하는 비즈니스맨에게 좋은 매너란 자신의 능력을 더욱 높여주고 인정받게 하는 바른 처세술이며 원만한 대인관계를 끌어내는 원동력이 된다.

3 패션감각 키우기

패션 스타일은 시각적으로 보여지는 화장, 헤어스타일, 몸매, 의복 등 머리에서 발끝까지 보여지는 차림을 의미한다. 자신의 개성에 맞게 연출하되 시간(Time), 장소(Place), 경우(Occasion)에 맞는 패션 연출법을 익히도록 한다.

4 커뮤니케이션 능력

효과적인 커뮤니케이션은 인간관계를 성공적으로 이끌어가는 기본적인 수단이 되는 동시에 개인의 이미지 전달에 중요하게 작용한다. 이미지 커뮤니케이션(Image Communication)이란 대인관계를 통하여 이루어지는 모든 느낌과 말을 포함한 것으로 이는 다른 사람과 대화를 주고받기 이전부터 시각으로 전달되는 정보가 훨씬 빠르고 대화가 끝나고 난 후에도 그 사람의 이미지가 전달되는 대인 커뮤니케이션을 뜻한다. 그러므로 발전적인 자기계발을 위해 서로의 정보를 교환할 때는 열린 마음의 자세로 대화하고 상대방의 말에 경청하는 바른 태도가 좋은 커뮤니케이션이다.

5 바른 목소리

흔히들 목소리에도 표정이 있다는 말이 있다. 이는 목소리가 개인의 이미지에 중요한 부분을 차지하고 있으며 좋은 음성을 가진 사람이 좋은 표정이 살아있는 사람과 같이 상대방에게 호감을 받을 수 있다는 것이다. 언제나 자신감 있고 에너지가 넘치는 음성을 유지하고 정확한 입 모양을 만들어 명확한 발음을 내는 연습을 하도록 한다.

6 보디랭귀지 표현

보디랭귀지란 몸짓이나 얼굴 표정, 자세를 통하여 타인에게 무의식적으로 보내는 메시지나 신호를 의미한다. 대화할 때의 제스처는 커뮤니케이션을 위한 바른 자세와 세련된 포즈, 말의 표현과 함께 적절하게 사용해야 한다. 평소 대화할 때는 밝은 표정으로 가슴 높이의 범위 내에서 작은 손동작을 구사하면서 표현하고 너무 율동이 크지 않은 동작으로 한다. 그러나 손 제스처의 파워를 보여주는 연설에서는 오른손을 벌린 채 높이 들어 친근감과 자기 존재감을 강하게 표현하기도 한다.

(2) 개인 이미지 직업별 분류

이미지 시대에 사는 현대인은 자신의 이미지를 사회가 요구하는 이미지를 고려하여 최상으로 연출해야 한다. 특히 이미지는 사회적 유형들 속에서 다양한 매체를 통해 개인의 특정한 이미지가 대중에게 보여지기 때문에 의도적으로 자신의 지위와 신분에 맞는 이미지를 개발해 나가야 한다.

1 정치인

정치인들은 개인이나 기업인 등의 타 분야보다 인위적인 요소를 결합하여 의도적인 면이 강조되나, 후보자 개인의 실제적인 능력이 반영되어 다양한 매체를 통해 개인의 이미지가 전달되기도 한다. 때문에 이들은 유권자들이 원하는 이상적인 지도자상이 무엇인가를 나타내고 자신의 이미지 창출에 힘써야 한다. 미국의 정치광고 전문가인 죠 맥기니스(Joe Mcginnis)는 의도적으로 창출된 후보의 이미지는 선거당락에 밀접한 영향을 준다고 하였는데 이는 정치인이 당선 후에도 변함없이 국민이 생각하는 지도자로서의 최상의 이미지를 갖고 지속적으로 개선해 나가야 할 것이다.

2 기업인

기업은 이윤창출을 목적으로 하기에 부당하게 이익을 취한다는 부정적인 이미지를 갖지 않도록 힘써야 한다. 기업을 대표하는 브랜드의 광고에서 느껴지는 이미지가 곧 기업의 이미지와 동일시되도록 관리하는 것이 중요하다. 또한 기업의 긍정적인 이미지의 창출은 우리나라 기업의 이미지를 높여 주어 국가의 위상까지 높여 주는 역할을 담당하므로 상당히 중요한 몫이라 할 수 있다.

3 전문인

전문인은 각기 직업의 특정분야에 따라 이미지를 관리함으로써 세련되고 지성적이며 품격 있는 교양과 매너를 겸비하여 지성적이고 세련된 이미지를 연출하는 것이 중요하다. 커리어우먼의 경우, 당당하고 자신감 넘치는 이미지를 보여줌으로써 사회에서 능력 있는 사람으로 인정받을 수 있도록 자신만의 이미지 관리가 필요하다.

4 직장인

직장인들은 하루에 가장 많은 시간을 자신의 일터에서 보내고 있기 때문에 이미지가 좋아야 상사로부터 인정받고 그에 따른 성공도 보장된다. 성실한 태도와 적극적 자세로 자기계발에 노력하도록 한다. 이처럼 자신만의 이미지를 부각시켜 얻는 효과는 크기 때문에 직장인은 이미지 메이킹에 각별히 유의해야 한다.

(3) 개인 이미지 분석방법

이미지 메이킹을 위해서는 긍정적인 이미지 전략이 필요하다. 자신에 대한 이미지를 분석하고 이미지점 목표를 분명하게 세워서 효과적인 내 · 외적의 이미지를 확고하게 하여 일정기간 동안 실천하고 유지해야한다. 이미지를 분석하는 것은 내 · 외적으로 그 사람의 외모와 성격, 성향이 다른 사람들에게 어떻게 보여지고 있는가를 알아보고 객관적 · 주관적 자아가 타인들과 어떠한 차이가 있는지 발견하게 되고 개인의 이미지 지수를 체크하여 자신을 개선해 나가는 기술력을 터득한다. 자신의 장점과 단점을 열거해 자신의 이미지를 분석해보는 방법으로 일명 "Who am I(나는 누구인가?)"라는 질문에 대해 자신의 특징적인 것, 성격, 감정, 외모, 사회적 성향, 지적 능력, 신념, 가치관, 희망, 관심사, 걱정거리, 사회적 역할 등이 포함된 내용으로 기술해 나간다. 이로써 자신이 원하고 추구하는 이미지를 설계하게 되는 것이다. 또한 내적 이미지와 외적 이미지와 관련한 여러 가지 내용을 항목으로 만들어 자신에게 해당하는 항목이 몇 개인지 체크하고 그 개수에 해당하는 좌표에 점을 찍어 자신의 영역을 찾은 후 자신의 퍼스널 지수영역 내용에 따라 이미지를 보완 · 발전시켜 이미지점 목표를 설계하기도 한다.

사람의 표정은 그 사람의 감정을 전달하며
비언어적인 행동으로 주로 눈과 입을 통해 나타난다.
얼굴은 느낌과 감정을 표현하는 제일의 비언어 커뮤니케이터로서
이러한 감성표현을 표정이라고 한다.
특히 첫인상 중 가장 크게 이미지를 결정짓는 것이 표정인 만큼
평소 부드러운 미소나 웃는 표정을 짓도록 해야 한다.
현대사회를 흔히 30초 사회라고도 하는데
이는 30초 안에 상대에게 긍정적인 느낌, 강한 인상을 주지 못하면
비즈니스 사회에서 성공하기 힘들다는 것이다.

2. 얼굴 이미지

Appearance Image

01 첫인상(First Impression)

1) 첫인상의 정의

첫인상이란 처음 만나는 사람에게 보여지는 정보를 순간적으로 감지하고 정리하여 개인의 인지구조에 의해 각인되고 보관된 자료이다. 따라서 첫인상은 개인에 대한 주관적인 정보이자 인간관계의 출발점이 된다.

2) 첫인상의 중요성

첫인상이 중요한 이유는 상대방에게 오랫동안 영향을 미치기 때문이다. 첫인상은 처음 대면하는 3초의 극히 짧은 시간에 그 사람에 대한 평가와 결론을 내리는 것으로 처음 대하는 사람에게 갖는 최초의 이미지이며 타인에게 자신을 개방하는 첫 단계이다. 첫인상이 나쁘면 상대방의 기억 속에 좋지 않은 이미지로 각인되어 오랫동안 회복이 어려워진다. 그러나 첫인상은 날 때부터 결정되는 것이 아니라 살아가면서 결정되어지는 것이므로 노력으로 얼마든지 극복해 나갈 수 있다.

3) 첫인상의 결정요인

첫인상을 결정짓는 요소는 표정, 체형, 옷차림, 태도, 제스처 등의 외모가 80%를 차지하고 말의 높낮이, 억양, 속도 등의 목소리가 13%, 인격이 7%를 차지하여 외모가 첫인상을 결정하는 데 가장 많은 부분을 차지하는 것을 알 수 있다. 이러한 외모를 표현하는 데는 얼굴 표정, 매너, 커뮤니케이션, 스피치, 퍼스널컬러, 패션, 헤어, 메이크업 등이 있다.

(1) 첫인상에 형성을 미치는 요인

① 육체적 특성 : 연령, 성(性), 체격, 용모, 피부색 등 외적인 요인
② 지적 능력 : 사고력, 판단력, 창의력, 의사소통능력
③ 퍼스낼리티(Personality) 특성 : 수용성, 신뢰성, 사회성

4) 첫인상의 효과

첫인상에 영향을 미치는 심리적인 효과는 여러 가지가 있다. 어떤 사람의 인상을 형성할 때는 여러 효과가 작용하여 그 영향이 첫인상 형성에 있어서 결정적인 요인이 된다.

(1) 초두효과(Primacy Effect)

초두효과란 먼저 제시된 정보들이 최종 판단에 부당한 영향력을 갖는 것을 말한다. 즉 먼저 들어온 정보가 나중에 들어온 정보보다 전반적인 인상 형성에 더욱 강력한 영향을 미치는 현상을 말한다. 즉 초두효과는 후에 제시되는 정보나 특성에 대해 주의를 덜 기울이기 때문에 이러한 효과를 주의감소효과(Attention decrement hypothesis)라고도 한다.

(2) 후광효과(Halo Effect)

외모나 지명도, 학력과 같이 어떤 사람이 갖고 있는 장점이나 매력 때문에 관찰하기 어려운 성격적인 특성들도 좋게 평가되는 현상을 말한다. 즉 후광효과는 한 가지 긍정적 특성을 지닌 사람이 다른 긍정적 특성들도 모두 지니고 있을 것으로 평가하려는 경향이 있는 것이다.

(3) 부정성효과(Negativity Effect)

그 사람의 인상 형성에 있어 긍정적 특징보다 부정적 특징이 강하게 작용하는 현상으로 어떤 사람에게 부정적 특성이 하나만 있어도 그 사람에 대한 여러 가지 긍정적 특성을 상쇄시킬 정도로 큰 비중을 차지하여 부정적 인상은 긍정적 인상보다 변화되기가 더 어렵다는 것을 의미한다.

(4) 맥락효과(Context Effect)

처음에 들어온 정보가 나중에 들어오는 정보에 대한 근거를 제공하는 것을 말하는데, 즉 처음 제시된 정보가 나중에 들어오는 정보에 영향을 미치게 되고 전반적인 맥락을 제공하는 것을 첫인상의 맥락효과라 한다.

(5) 대비효과(Contrast Effect)

너무 매력적인 상대와 함께 있으면 그 사람과 비교되어 자신은 오히려 평가가 절하되는 현상이다. 멋있는 사람 옆에서 사진촬영을 하거나 매력적이고 잘생긴 친구를 사랑하는 사람에게 소개시켰을 때 발생하는 심리적 갈등이 이에 해당한다.

02 표정관리

1) 얼굴 커뮤니케이션

사람의 얼굴은 마음속의 감정과 내면의 개성을 가장 강하게 반영하는 곳이다. 신체 부위 중 얼굴은 다른 사람이 바라보는 첫 번째 신체적 기관으로 타인들과의 대면 상황에서 자연스럽게 흥미의 초점이 되고 얼굴의 특징에 따라 만나는 사람이 어떤 유형의 사람이고 성격이 어떠한지를 예측한다. 얼굴은 느낌과 감정을 표현하는 제일의 비언어 커뮤니케이터로서 이러한 감성 표현을 표정이라고 한다.

알버트 머라이언(Albert Mehrabian, 1971)은 연구를 통해 얼굴이 메시지 전달의 반 이상을 수행한다는 대면적인 상호작용에서의 공식을 끌어냈고 그의 공식에 따르면 7%의 언어, 38%의 목소리, 55%의 안면표정에 의해 메시지 전달이 영향을 받는다고 하였다. 특히 첫인상 중 가장 크게 이미지를 결정짓는 것이 표정인 만큼 평소 부드러운 미소나 웃는 표정을 짓도록 한다.

2) 표정 이미지

사람의 얼굴 표정은 개인의 생각이나 심리 상태 등이 나타나는 곳이다. 사람의 얼굴 근육은 80개로 되어 있고 얼굴 표정은 안면 전체에 퍼져 있는 근육에 의해 조절된다. 이러한 근육은 대뇌의 지배를 받으며 의도적으로 조절

할 수 있다. 이것은 얼굴 근육을 활용하여 움직이는 모양에 따라 표정의 내용이 바뀐다는 것을 의미한다. 사람의 근육은 사용하기에 따라 달라지는데 빈번히 사용하면 강화되고 사용하지 않으면 약화된다. 따라서 노력하는 사람에게는 좋은 표정이 만들어지고 얼굴 근육을 사용하지 않는 사람은 무표정한 얼굴로 호감을 받기 어렵다.

3) 표정관리 기술(Facial Management Techniques)

표정관리 기술이란 안면근육을 통제하여 적합지 못하거나 수용되지 않은 반응을 감추는 것을 말한다. 이러한 표정의 조작을 표정관리 기술이라 한다. 에크먼(Ekman)의 연구에서 사람들은 일반적으로 네 가지 관리 기술을 동원하여 표정을 통제한다고 하였다.

(1) 감정의 강화

우리는 사람들과 긍정적인 관계를 유지하기 위하여 때로는 표정에 의한 반응을 과장하는데 그 상황에 맞추기 위해서 기쁨, 놀라움, 흥분된 감정을 과장하여 표현한다. 일반적으로 우리나라 사람들이 서구 문화권의 사람들에 비해 다소 부족하다고 느껴지는 분야가 바로 감정의 강화이다.

(2) 감정의 억제

대다수의 사람들은 우호적인 관계를 유지하기 위해 표정을 억제하는 방법을 배운다. 다시 말해, 남에게 좀 더 적절하게 행동하기 위하여 자신의 화난 부분이나 흥분된 부분을 다소 억제하려고 노력한다.

(3) 감정의 중화

사람들은 어떤 상황에서 감정의 노출을 피하는데 남성과 여성의 경우 문화적인 규범에 의해 좋아하는 감정표현에 있어 차이가 있다. 특히 우리나라 남성들은 두려워하거나 슬퍼하는 감정을 겪으면서도 감정을 노출하지 않으려고 애쓰는 것을 볼 수 있다.

(4) 감정 숨기기

사람들은 종종 어떤 감정을 좀 더 적합하다고 생각되는 감정과 바꾸기도 한다. 즉 표정을 숨겨 질투와 실망 같은 감정을 감추려 하는 것으로 우리는 기대하는 결과를 얻기 위해 끊임없이 표정을 조작한다는 사실을 알 수 있다.

4) 안면근육운동(Smile Exercise)

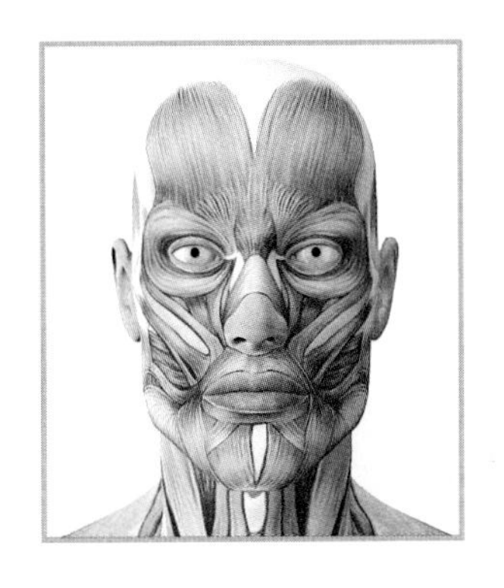

자신은 웃고 있는데 얼굴 표정으로 나타나지 않아 오해를 사는 경우가 있다. 안면근육을 전혀 사용하지 않는 표정은 다른 사람에게 답답한 감정을 주게 되므로 신체를 단련시키고 운동을 하듯 웃는 얼굴을 위해서는 입꼬리 주위의 근육을 단련 시켜야 한다. 어떤 상황에서도 자연스럽고 자신 있게 미소를 지을 수 있기 위해서는 항상 근육이 풀려 있어야 하고 평상시 꾸준하게 표정 짓는 습관을 익히도록 한다.

(1) 안면근육

사람의 얼굴에는 약 80개의 근육이 존재한다. 그 중 표정을 짓는 데에는 약 50개의 근육이 사용되고 나머지 30개 정도는 표정에 쓰이는 근육들을 안쪽에서 받쳐주는 역할을 한다. 안면근육 중에서 미소를 짓는 데 쓰이는 근육으로는 이마에 가로로 놓여 있는 이마힘살, 눈 주변을 동그랗게 돌면서 감싸고 있는 눈 둘레근, 웃을 때 뺨도 따라 올라가게 하는 큰 광대근이 있다. 그 외 입꼬리 옆에 있는 입꼬리 당김근은 입꼬리를 옆으로 당겨주는 역할을 하고 있다.

(2) 입의 표정

자연스런 미소를 연출하기 위해서는 무엇보다 입꼬리가 환하게 올라가야 한다. 호감 가는 스마일라인은 입꼬리가 올라가는 것으로 즐겁고 행복해 보이는 표정이 된다. 잘 웃지 않는 사람의 무표정한 얼굴을 관찰해 보면 입 주위의 근육이 굳어 있는 것을 알 수 있다. 눈 주위의 근육보다 입 주위에 표정근이 집중되어 있어서 입 주위의 표정근육을 단련시키면 입 주위의 주름도 방지하고 매력적인 입매와 입꼬리의 모양을 단정하게 하는 효과가 있다.

① 입모양 발성법

기분 좋으면 사람들이 웃는 것은 당연하다. 윌리엄 제임스(William James)는 "사람은 행복하기 때문에 웃는 것이 아니라 웃기 때문에 행복하다"고 주장한다. 웃는 얼굴을 위해 입 주위의 근육을 부드럽게 하는 방법으로 '하, 히, 후, 헤, 호'의 발성법이 있다.

- '하' 소리 연습 : 정면을 향하고 턱이 움직일 정도로 될 수 있는 한 입을 가장 크게 벌리고 '하' 소리를 내며 다섯을 센다.
- '히' 소리 연습 : 입꼬리를 양옆으로 힘껏 잡아당기면서 '히'라고 소리 내고 입술의 근육을 긴장시키며 다섯을 센다.
- '후' 소리 연습 : 입술을 앞으로 쭉 내밀고 큰소리로 분명하게 '후' 하거 소리를 내며 다섯을 센다.
- '헤' 소리 연습 : 입을 V자로 만드는 느낌으로 '헤' 하고 소리 내며 다섯을 센다.
- '호' 소리 연습 : 입술을 최대한 동그랗게 만들어 '호' 하고 소리 내며 다섯을 센다.

또 다른 방법으로는 입꼬리를 최대한 옆으로 쫙 벌리고 10초간 멈춘다. 그리고 난 후 입술을 동그랗게 모아 최대한 앞으로 쭉 내밀고 10초간 유지한다.

이 두 동작을 번갈아가며 각각 2초 정도 5회씩 반복한다. 이러한 훈련을 하루에 4~5회 정도 꾸준히 반복하면 시간이 지날수록 얼굴 표정이 부드러워 보이는 것을 느끼게 될 것이다.

② 스마일 라인

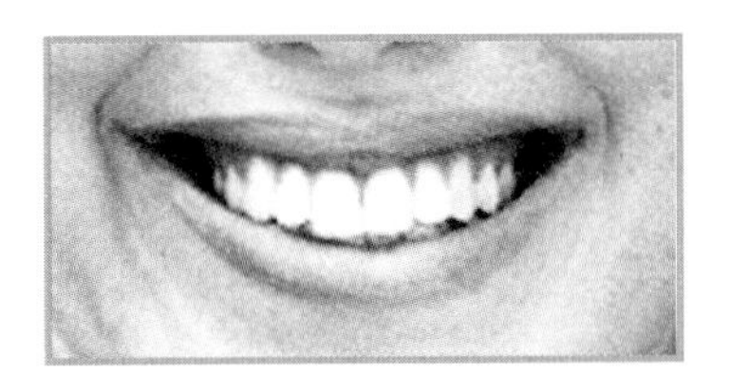

호감 가는 스마일은 입꼬리를 살짝 올리며 짓는 부드럽고 자연스런 미소이다. 이 표정은 좋은 인상을 주며 무엇보다 평소에 입꼬리가 처지지 않도록 크게 웃는 얼굴을 한 상태에서 스마일 연습을 하는 것이 중요하다. 입꼬리를 검지손가락으로 고정시키고 입매의 근육이 원래대로 돌아가지 못하게 손가락 끝으로 입꼬리 근육을 꾹 누른다. 입꼬리를 올려주며 5초간 유지한 후 원위치로 온다.

또한 입을 가운데로 모아서 위스키의 '위-'를 발음한다. 그 상태에서 입을 옆으로 당기듯이 '스-'를 발음한다. 마지막으로 입꼬리를 귀밑까지 올라가게 위로 활짝 올리면서 '키-'를 발음한다. 이런 방법으로 '위-스-키'를 천천히 5회 반복하고, 그 다음으로는 먼저 '우' 발음을 한 후 '위스키' 하고 소리를 내며 입꼬리를 올려주고, 다음에는 '오' 발음을 한 후 '와이키키' 소리를 내며 입꼬리를 올려주고 눈꼬리는 아래로 내려준다.

(3) 눈의 표정

"눈은 마음의 창"이란 말과 같이 눈빛을 보면서 상대방의 마음을 읽고 대화를 풀어나간다. 실제로 한 실험결과에 의하면 인간의 두뇌는 사람의 마음을 떠올릴 때 한 사람의 전체 이미지 중 60% 이상 눈의 이미지에 의해 기억한다고 한다. 그 정도로 눈은 한 사람의 인상을 결정짓는 데 큰 영향을 미치고 상대의 심리를 파악하는 데도 중요한 역할을 한다. 매력적인 표정으로 입은 웃고 있는데 눈이 무표정이면 좋은 인상을 주지 못한다. 또한 눈 운동을 하게 되면 눈의 피로를 풀어주어 눈빛을 맑고 또렷하게 해줄 뿐 아니라 눈 주변의 모세혈관에 혈액순환이 되게 하여 눈 주변의 근육에 탄력을 더해주는 효과가 있다.

① 부드럽고 안정적인 눈매를 만들기 위해서는 먼저 목을 좌우로 천천히 크게 10번씩 돌려준다.
② 눈을 감고 있다가 하나, 둘, 셋을 센 다음 최대한 눈을 크게 뜨고 입은 크게 벌리고 5초 동안 멈추고 있다가 다섯 번 반복한다.
③ 정면을 보고 눈동자를 힘껏 오른쪽으로 돌린 채 5초 동안 눈동자를 왼쪽으로 돌리고 5초 동안 다시 위, 아래쪽으로 5초 동안 반복하고 눈을 천천히 감는다.
④ 윙크를 한다. 오른쪽 눈을 약간 강하게 감아주고 다섯을 센다. 정면을 본다. 이번에는 왼쪽 눈으로 윙크를 한다.

(4) 눈썹의 표정

일반적으로 눈썹 주변의 근육은 잘 사용하지 않는다. 그러다 보니 이마와 눈썹 주변에 표정이 없어서 차갑고 딱딱한 인상을 심어주기 쉽다. 눈썹 운동은 이마와 눈썹 주변의 근육을 풀어주는 데 효과적이며 사람을 처음 대할 때 눈썹을 한두 번 위로 올려주면 얼굴 전체의 표정이 환하게 열리게 된다.

① 양손의 검지손가락을 눈썹에 맞대어 일종의 기준선이 되게 한다.
② 기준선 위, 아래로 5회씩 반복한다.
③ 손가락을 떼고 위, 아래로 5회씩 반복한다.

(5) 볼의 표정

입 모양이 활짝 열리기 위해서는 우선 뺨에 있는 큰 광대근이 유연하게 풀려 있어야 입꼬리를 위로 활짝 당겨줄 수 있다. 또한 나이가 들수록 볼에 있는 살이 아래로 처지는 경향이 있으므로 탄력을 유지하기 위해서는 꾸준히 연습하도록 한다.

① 심호흡을 크게 한 후 풍선을 불듯이 입안에 공기를 힘껏 불어넣는다.
② 볼을 빵빵하게 부풀린 채 좌, 우, 위, 아래로 각각 3번 정도 움직인다.
③ 좌우로 3번, 위아래로 3번, 상하좌우로 3번씩 반복하여 공기를 이동시킨다.
④ 양손을 볼에 갖다 대고 가볍게 귀 방향으로 끌어올리듯 당기며 '후', '후' 하고 소리 내어 여러 번 반복한다.

5) 얼굴 스트레칭

얼굴은 몸과 마음의 건강을 반영하는 거울이다. 얼굴에도 근육, 관절, 골격이 있으므로 움직일수록 탄력이 생기고 아름다워진다.

(1) 턱 운동

① 턱 벌리기 : 더 이상 벌어지지 않을 때까지 벌리고 10초 동안 있다가 원래 상태로 돌아온다.
② 턱 돌리기 : 아래턱으로 동그라미를 그리며 오른쪽, 왼쪽으로 번갈아가며 돌린다.
③ 어금니 꽉 물기 : 숨을 멈추지 않고 열린 입을 옆으로 벌리며 어금니를 꽉 물어준다. 10초 동안 유지하면서 코로 천천히 숨을 들이마시고 천천히 내쉰다.
④ 몸을 뒤로 젖히고 턱 벌리기 : 머리를 뒤로 젖히고 숨을 쉬면서 입을 크게 벌린다. 입을 천천히 최대한 10초 동안 멈추고 있다가 다시 천천히 입을 닫고 머리를 원래 모양으로 세운다. 세 번 정도 반복한다.

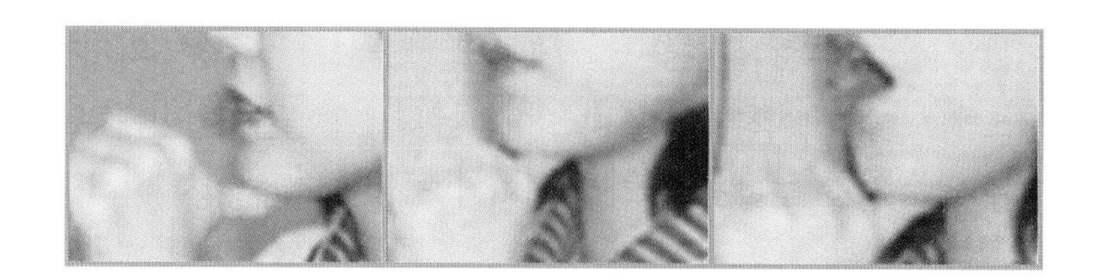

(2) 귀 운동

① 귀 볼을 손가락으로 붙잡고 아래로 천천히 10초 동안 잡아당긴다. ↓
② 귀의 위쪽을 손가락으로 붙잡고 위로 천천히 잡아올린다. ↑
③ 귀 전체는 손으로 쥐고 천천히 바깥쪽으로 10초간 잡아당긴다. →

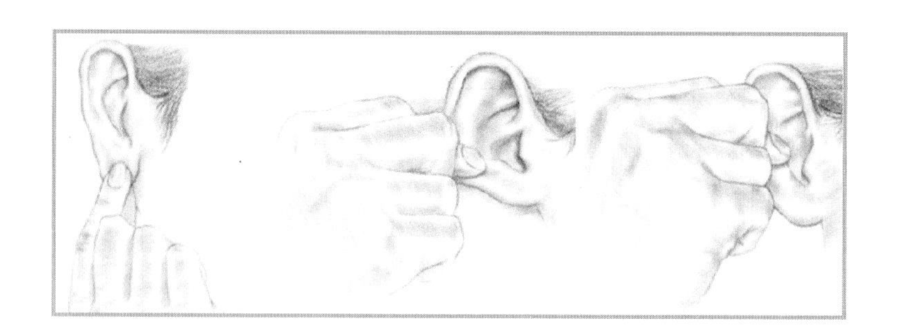

(3) 혀 운동

① 입 벌리고 혀 돌리기 : 입을 크게 벌리고 혀를 내밀어 혀끝에 힘을 주어 혀를 빙빙 내두른다. 오른쪽, 왼쪽으로 3번씩 반복한다.
② 혀를 위, 아래로 내두르기 : 입을 가볍게 닫고 혀끝을 힘껏 내밀어 코끝과 턱에 닿을 정도로 위, 아래로 5초 동안 3번씩 반복한다.
③ 입안에서 볼 밀어주기 : 입안에서 혀끝에 힘을 주어 주위의 근육을 밖으로 밀어내듯 혀를 회전시킨다.
④ 혀 깨물기 : 혀끝에서 안쪽까지 5군데로 나누어 이빨로 아프지 않을 정도로 살짝 깨물어준다. 2초 정도씩 2번 반복한다.

03 웃음연구

웃음은 생존을 위한 자연적 운동의 일원이다. 인간의 즐거움이나 기쁨같이 긍정적 정서는 웃음으로 나타난다. 인간은 웃음이라는 수단을 이용해 운동함으로써 근육의 긴장을 풀고 몸과 마음을 건강하게 할 수 있다. 웃을 때는 15개의 안면근육이 동시에 수축하며 특히 광대뼈 중심 근육은 전기적 흥분상태를 일으킨다고 한다.

1) 웃음의 이론

사람들이 왜 웃는가에 대한 많은 학설이 있는데 그 중 대표적인 학설로 다음의 3가지가 있다.

(1) 우월성이론

우월성이론은 모든 웃음을 사람의 우월감으로 해석한다. 즉 우월감이 마음을 자극하기 때문에 웃음이 일어난다는 학설이다. 웃음의 대상이 되는 개인, 집단, 인종 혹은 다른 여러 범주의 존재보다 자기가 우월하다고 느낄 때 웃음이 발생한다는 이론이다.

(2) 기대이론

기대이론 또는 부조화이론은 머릿속에서 생각한 개념과 실제 일어난 실체

사이에서 일어난 부조화가 웃음을 일으킨다는 학설이다. 실제 기대하고 다른 반대상황이 나타날 때 예상치 못한 웃음이 터져 나온다는 이론이다.

(3) 사회론

사회론은 사회적 적응성이 결여되어 있는 것이 웃음거리가 된다고 주장하는 학설이다. 시대에 뒤떨어지는 이상스런 옷차림, 육체적 · 정신적 불균형, 질서와 규칙의 위반, 허식, 위선 등이 웃음의 대상이 된다.

2) 웃음의 유형

사람의 얼굴 표정 중 가장 호감을 주는 표정은 웃음이다. 밝고 건강한 웃음은 어색한 사이에 친밀감을 형성한다. 사람들의 웃는 모습에서 그 사람의 성격을 파악할 수 있는데 한국인의 웃음을 유형별로 분류하면 다음과 같다.

(1) 파안대소형

입안이 다 보이도록 시원하고 호탕하게 웃는 웃음으로 쾌활함과 명랑함이 느껴지며 마음을 활짝 열어놓은 듯한 웃음이나 때에 따라 의도적이거나 진실성이 희박한 느낌 등의 오해도 살 수 있다.

(2) 사교형 웃음

정치가나 사업가에게서 자주 볼 수 있는 웃음으로 속마음과 상관없이 상대방이나 주변 사람들에게 보여주기 위한 목적이 깔려 있는 웃음이다.

(3) 얌전형 웃음

치아가 거의 가려진 채 입술로만 웃는 웃음으로 조용하면서도 얌전한 느낌으로 보는 이의 마음을 감미롭게 하는 웃음이다. 부정적으로 보면 내숭스럽다는 느낌을 주기도 한다.

3) 웃음의 효과

웃음의 효과는 크게 다음의 세 가지로 정리할 수 있다.

(1) 이미지(Image) Plus

사람들 대부분은 자신을 가장 아름답게 표현하고자 할 때 밝게 웃는 표정을 연출한다. 그만큼 웃는 모습은 자신을 가장 아름답게 만들어주기도 하지만 다른 사람들로부터 호감을 살 수 있는 요소가 된다.

(2) 건강(Health) Plus

미국의 존스 홉킨스 병원은 "웃음은 내적 조깅(Internal Jogging)"이라는 서양 속담을 인용해 웃음은 순환기를 깨끗이 하고 소화기관을 자극하여 혈압을 내려준다고 소개했다. 한편 인디애나주 메모리얼 병원에서는 환자들을 조사한 결과 웃음은 스트레스 호르몬인 코디졸의 양을 줄여주고 엔돌핀 같은 우리 몸에 유익한 호르몬을 많이 분비하므로 "하루 15초 이상 웃으면 이틀을 더 오래 산다"고 밝히고 있다. 또한 미국의 리버트 박사는 웃음은 암을 예방하는 킬러 세포가 많이 생성되어 웃음이 인체의 면역력을 높여 감기와 같은 감염질환과 성인병을 예방한다고 발표하였다.

(3) 서비스(Service) Plus

긍정적인 마음을 갖고 상대방에게 미소를 보이기 위해 작은 노력을 기울인다면 그것으로 인해 돌아오는 효과는 대단히 클 것이다. 서비스는 머리로 이성으로 판단하기보다는 가슴으로, 감성으로 느끼는 것으로 훌륭한 서비스 제도와 인프라를 갖추고 있더라도 서비스맨의 인간적 따듯함이 없다면 고객은 진정한 감동을 느끼기 어렵다. 그러므로 서비스맨의 최고 능력은 스마일을 잘하는 능력이라고 말할 수 있다.

아름다운 웃음은 타고나는 것이 아니라 만들어지는 것이다. 호감을 주는 아름다운 웃음을 간직하기 위해서는 외적인 얼굴 근육의 운동뿐만 아니라 내적인 아름다움이 바탕에 깔려 있어야 한다. 내면에서 우러나오지 않는 억지웃음은 보는 사람들로 하여금 거부감과 경계심을 유발시켜 역효과를 초래할 수 있다.

건강하고 아름다운 자세는 이미지 형성에 중요한 영향을 미친다.
당당하고 반듯한 자세를 지닌 사람을 보면 자신감이
넘쳐 보이고 호감이 간다.
바른 자세는 타인에게 호감을 주기도 하지만
스스로 자신감도 생기고 자세 교정으로 인해
신체도 건강하게 유지될 수 있다.
사람이 어떤 행동에 반응해서 습관화로 만들기까지는
15일 정도의 시간이 걸린다고 한다.
조금만 노력한다면 변화된 자신을 발견할 수 있을 것이다.

01 올바른 자세

태도는 마음가짐에서 나오는 일종의 자세로 어떤 생각과 기분을 나타내주는 심리적 반응이다. 우리는 이러한 태도와 자세에서 상대방의 습관, 교양, 품위를 알아볼 수 있다. 태도 이미지는 자세에서 볼 수 있는 매력적인 이미지로서 비언어적 메시지를 통해 나타난다. 즉 우리의 여러 가지 몸짓 또는 자세는 상대방에게 어떤 감정의 메시지를 전달하는데, 예를 들어 축 늘어진 어깨는 실망이나 슬픔을 나타내어 상대에게 그 기분을 전달하도록 만든다.

신체적인 자세는 한 개인의 긴장이나 이완 수준에 대한 정보를 제공할 수 있다. 이완의 경우 좌석에 앉은 사람은 상체를 뒤로 젖히고 팔다리를 축 늘어뜨리는 경향이 있다. 일반적으로 최대한 편안해지고자 하는 자세는 상황에 대한 이완된 감정과 서로 연합된다.

머라이언(Mehrabian) 박사에 의하면 한 사람의 자세는 상대방에 대한 그 사람의 태도를 나타낸다. 앞으로 기대는 것은 관심과 긍정적인 태도를 전달하는 것이고 정면을 보지 않고 몸을 틀 때는 부정적인 태도를 나타낸다고 하였다. 즉 자세로 전달할 수 있는 느낌은 관심과 존경의 표시인 것이다. 사람들이 일상생활에서 하게 되는 좋지 않은 자세들을 보면 그것들이 비록 무의식적으로 나온 습관이라 할지라도 한 사람에 대한 전체적인 이미지를 느낄 수 있다. 자세가 바르지 못한 사람은 왠지 마음가짐도 바르지 않은 것 같아 신뢰감이 생기지 않는다.

02 기본자세

자세는 자신의 태도를 다른 사람에게 보임으로써 외모 다음으로 개인의 인격이 평가되는 부분이라 할 수 있다. 모든 자세의 기본은 서 있을 때의 모습에서 비롯된다.

바른 자세는 평평한 벽에 등을 대고 섰을 때 머리, 어깨, 엉덩이, 발뒤꿈치가 모두 벽에 닿아야 하며 생활 속에서 잘못된 자세를 교정하여 자신감이 넘치는 당당한 자세를 갖도록 한다.

1) 선 자세

① 호흡을 가다듬고 가슴을 펴고 똑바로 선다.
② 차려 자세로 서면서 양 발뒤꿈치를 붙이고 발 앞부분은 간격을 약간 유지한다.
③ 무게중심은 앞쪽 엄지발가락에 실리도록 한다.
④ 양다리에 힘을 주어 무릎을 붙인다. 등과 허리, 가슴을 펴고 아랫배는 넣는다.
⑤ 상체와 하체가 기울지 않게 일직선으로 똑바로 허리를 세운다.
⑥ 양 어깨는 기울이지 않고 대칭을 이루도록 똑바로 한다.

2) 대기 자세

① 호흡을 가다듬고 가슴을 펴고 똑바로 선다.

② 남성은 양발을 허리 넓이만큼 유지하고 손은 공수자세를 한다.

③ 여성은 두 발을 일자로 모아서 서 있거나 혹은 편안한 발 한쪽을 빼서 앞발의 뒤꿈치가 뒷발 중앙의 움푹 패인 곳에 닿도록 한다. 이렇게 하면 무게중심이 두 방향으로 분산되어서 훨씬 안정감 있는 자세가 될 수 있다.

3) 앉은 자세

① 서 있는 상태에서 의자와의 간격이 자신의 걸음걸이의 반보 정도가 되도록 간격을 유지하고 편안한 쪽 발을 뒤로 밀어서 의자가 제 위치에 있는지 상태를 점검한다.

② 앉을 때 남성은 바지의 구김이 덜 가도록 바지를 살짝 들어 올리면서 의자에 허리를 반듯하게 세우고 깊숙이 앉는다.

③ 등과 등받이 사이는 주먹 하나가 들어갈 정도로 공간을 남겨둔다.

④ 어깨와 가슴을 펴서 곧고 바르게 앉는다.

⑤ 남성은 다리를 허리 정도로 간격을 두고 11자로 벌리고 무릎은 직각이 되도록 하고 양손은 계란을 쥔 듯 가볍게 주먹을 쥐고 대퇴부 위에 올려놓는다.

⑥ 여성은 치마를 입었을 경우 손바닥과 손등을 이용해 치맛자락을 정리해주며 손의 모양은 공수를 한 후 무릎 위에 가지런히 올려놓는다. 양다리는 앞쪽 가운데로 모아준다.

03

워킹 이미지(Walking Image)

워킹은 인간이 태어나면서부터 오랜 기간에 걸쳐 일어나는 신경근육계, 생체역학적 그리고 운동기능학적 변화의 절정으로 이루어진 지극히 복잡한 운동 패턴을 말한다. 워킹의 바른 자세는 넓은 보폭, 힘 있는 생동감, 리듬감, 역동적으로 걸어나오는 자세에서 비롯되며 신체를 자신감 있고 당당하게 보이게 한다.

1) 워킹 실습

(1) 준비운동(Limbering-up)

준비운동에는 여러 가지 방법이 있으나 일반적으로 흔들기(Shaking), 뻗기(Stretching), 스윙(Swing), 치기(Crapping), 문지르기(Rubbing) 등이 있다. 준비운동의 기본은 처음부터 자신의 몸 전체를 사용하지 않고 교대로 신체 각 부분에 집중하면서 범위를 확장시켜 나가는 것을 말한다.

(2) 기본자세

훈련법은 기본자세, 워킹, 턴 등 단계별 기술훈련으로 실시되며 턴에서 약간의 기술적인 방법 차이가 있으나 기본자세의 기초 훈련법은 같다. 기본자세는 수직 일자로 서 있는 자세로 발목에서부터 종아리와 허벅지, 엉덩이, 배 등의 순서로 힘을 주어 긴장상태를 유지하고 어깨에 힘이 들어가지 않도록 하며 시선과 얼굴은 정면을 향하고 턱은 들지 말고 귀 뒤로 잡아당긴다.

다시 목선과 두 팔을 자연스럽게 힙의 옆에 가볍게 대고 서며 이때 손의 모양은 작은 공을 쥔 듯이 자연스럽게 만든다. 어깨와 귀는 수평을 이루어야 하며 호흡은 크게 들이마시고 내실 때 배의 긴장상태를 그대로 유지한다. 워킹법에서 여자는 1자로 남자는 11자의 선으로 걷고 보폭은 남녀 모두 호흡을 유지하며 엄지발가락과 무릎이 수직이 되게 하며 발끝부터 닿도록 한다.

(3) 기초 워킹 훈련법

여성의 경우 워킹 연습을 할 때는 맨발보다 5~6cm 높이의 구두를 신는 것이 좋다. 시간이 지나면서 점차 굽이 높은 것으로 연습하도록 한다. 몸의 움직임을 보아야 하므로 옷은 가능한 몸매가 드러나는 의상으로 준비한다. 몸의 움직임을 확인할 수 있는 핫팬츠, 수영복, 미니스커트 등이 좋다.

① 한쪽으로 어깨가 처지거나 고개가 기울어지지 않고 좌우 대칭이 같아야 한다. 잘못된 자세로 골반, 어깨, 목 등이 비뚤어지지 않도록 바른 자세를 유지한다.

② 어깨와 허리를 곧게 편다. 때로 키가 큰 사람은 몸을 움츠리는 버릇이 있는데 반듯한 자세는 필수이므로 어깨와 허리를 곧게 펴는 것을 습관화한다. 몸을 벽에 기대고 엉덩이, 등 위쪽부터 목뼈, 머리 부분을 벽에 붙여보도록 한다. 평소보다 더 많이 허리를 펴서 3~4초 정도 숨을 크게 들이쉬었다 천천히 내쉬도록 하는데, 이때 목이 아니라 갈비뼈로 숨을 쉰다고 생각하면 자연스럽게 어깨가 펴지고 복부와 엉덩이에 힘이 들어간다. 배와 엉덩이는 힘을 주어 힙 업 되는 느낌을 주되 전체적인 몸의 긴장은 풀어주도록 한다. 힘이 들어가면 몸이 부자연스럽고 근육에도 좋지 않은 영향을 미칠 수 있기 때문이다. 어깨는 너무 뒤로 젖히지 않도록 조심해야 한다. 어깨를 편 다음 다시 3도 정도 둥글린다.

③ 머리는 위, 아래에서 잡아당긴다. 천정에서 머리를 잡아당기고 있는 듯

한 기분으로 목을 편다. 다시 턱은 가슴을 향해 5도 정도 지긋이 당겨 주고 눈은 정면을 바라본다.

(4) 기본 워킹법

걷는 연습을 할 때는 하나의 선을 기준으로 둔다. 바닥에 선이 없다면 테이프를 길게 붙여 놓고 그 위에서 연습을 하도록 한다. 처음에는 맨발로 하는 것이 좋고 익숙해졌을 때 하이힐을 신도록 한다.

① 팔 동작은 처음에 걸으면서 팔을 움직여보도록 한다. 팔은 구부리지 말고 자연스럽게 펴서 팔 전체를 움직이게 한다. 손바닥은 허벅지 안쪽을 향하도록 하고 걸을 때마다 허벅지를 스치도록 한다. 단 남성의 경우에는 살짝 주먹을 쥐어준다.

② 흔드는 각도는 앞쪽 45도, 뒤쪽 15도 정도가 자연스럽다. 즉 전체적인 각도는 60도인데 앞쪽으로 더 많이 뻗어주도록 한다. 팔을 흔들어줄 때 왼쪽과 오른쪽을 똑같은 각도와 모양으로 움직일 수 있도록 하고 이때 손가락을 너무 펴고 있으면 부담스러워 보이니 손끝에 계란을 살짝 쥔 느낌으로 구부려준다.

③ 다리 동작의 핵심은 무릎을 펴되 힘을 빼는 것으로 힘은 배 부분에만 들어가고 다리는 부드럽게 움직여야 한다. 걸을 때 무릎과 무릎이 스치고 발도 1자로 따라가게 한다. 대부분 상체가 먼저 나가기 쉬운데 상체는 언제나 곧게 서 있게 하고 다리가 나가면 따라하는 방식으로 한다.

④ 발은 발바닥의 앞쪽 1/3 부분에 중심을 두고 앞굽부터 디디면서 바닥의 선을 따라 1자(남성은 11자) 모양으로 걷는다. 이때 발가락 5개에 힘이 고르게 분배되어야 하는데 엄지발가락 쪽에 치우치면 안짱다리처럼

걷게 되고 새끼발가락 쪽에 치우치면 팔자걸음이 되기 쉽다.

⑤ 보폭은 본인의 어깨넓이 정도가 적당하며 보폭이 좁으면 답답해 보이므로 보폭은 넓게 걷는다.

⑥ 어깨와 허리, 엉덩이 동작은 팔과 다리가 움직이는 동안 몸통 부분은 안정을 유지한다. 팔을 흔든다고 어깨가 한쪽으로 기울어서는 안 되고 다리를 일직선으로 모으며 걷는다고 해서 엉덩이가 심하게 흔들려서도 안 된다. 항상 중심을 배꼽과 치골 사이에 두어 흔들림이 없도록 한다.

⑦ 걸을 때는 시선을 최대한 먼 곳으로 응시하며 최대한 깊고 길게 하도록 한다. 고개가 비뚤어지거나 옆으로 쏠리지 않게 한다.

⑧ 호흡은 워킹시 가장 중요한 작용을 한다. 코로 가늘고 길게 호흡하되 폐가 아닌 아랫배 깊숙이 숨이 들어갔다 나온다고 생각하면 된다. 너무 가쁜 호흡법은 어깨를 들썩거리게 함으로써 부담을 줄 수 있다. 호흡법과 함께 중요한 순간 호흡을 잠깐 멈춤으로써 시선의 고정효과를 볼 수 있다. 이와 같은 방법은 집중력과 흡입력을 보여준다.

⑨ 워킹시 무게중심은 골반 아래 하체에 두어 다양한 포즈와 이미지 연출 동작의 균형을 유지할 수 있다.

2) 워킹과 이미지

사람들은 제각기 독특한 걸음걸이가 있다. 사람들의 걷는 모양을 보면 각양각색이라는 사실을 알 수 있다. 한 사람의 걷는 모습은 그 사람의 이미지를 결정할 수 있다. 반듯하고 당당하게 걷는 사람을 보면 자신감이 넘쳐 보이고 호감이 간다. 잘못된 걸음걸이는 보기에도 좋지 않을 뿐 아니라 뼈나 관절에 부담을 주어 다리의 모습을 변형시키는 원인이 된다고 한다. 활기차고 시원한 걸음걸이는 건강에도 도움이 될 뿐 아니라 그 사람의 성격이나 능력을 나타내고 이미지를 한층 끌어 올려주는 중요한 요인이 되므로 바른 걸음걸이를 익히도록 노력해야 한다.

04 인사자세

인사는 만남의 첫 단계이자 첫인상을 결정짓는 요소이므로 상대방에 대한 존경심과 친근함을 표현해주는 수단이다. 우리는 매일같이 눈을 뜨자마자 가족부터 이웃 주민, 동료, 친구, 고객 등 수많은 사람들을 만나게 된다. 이렇게 많은 사람들을 만날 때 자연스럽게 주고받는 행위가 바로 인사이다. 즉 인사(人事)라는 것은 한자에서도 그 의미를 볼 수 있듯이 "사람이 해야 하는 일, 즉 일상생활에서 빼놓을 수 있는 우리의 모습"이다.

1) 인사의 정의

인사(人事)란 사람 인(人) 자와 일 사(事) 자, 즉 사람이 하는 일이다. 동물과 특별히 구분되는 인간의 고유한 행위이며 모든 인간 예절의 기틀이다. 사전적으로 정의해 보면 서로 만나거나 헤어질 때의 말, 태도 등으로 존경, 인애, 우정을 표시하는 행동양식이다.

(1) 인간관계가 시작되는 신호

처음 만나는 사람들 사이에서 새로운 인간관계가 시작됨을 나타내는 신호가 되며 만났을 때 반갑게 인사를 나누면서 인간관계의 폭도 넓힐 수 있다.

(2) 상대방에 대한 친절과 존경심의 표현

인사는 친절을 전달할 수 있는 가장 기본적이면서도 적절한 수단이 되기 때문에 서비스업에 종사하는 사람들에겐 특히 중요하다. 손님을 정중하게 맞이할 준비가 되어 있다는 친절과 존경의 의미가 인사하는 태도에 그대로 나타난다.

(3) 스스로의 이미지를 높이는 기준

사람이 인사하는 모습 하나만으로도 그 사람의 자신감, 능력 등을 평가할 수 있다. 인사는 상대방을 위한 것이라기보다 궁극적으로는 나 자신을 위한 것이다.

2) 인사의 유래

인사는 원시 시대에 상대를 해치지 않겠다는 신호(원수가 아닌 신호)로 손을 위로 들기도 했고(현재의 거수 경례), 손을 앞으로 내밀기도 했고(현재의 악수), 허리를 굽히기도 했다(허리 굽혀 경례). 그러므로 인사는 섬김의 자세, 환영의 표시, 신용의 상징, 친근감의 표현이라 할 수 있다.

(1) 세계의 인사법

지구상에 존재하는 다양한 지역권, 문화권만큼이나 그 안에서 살아가는 사람들이 서로 주고받는 인사의 방법들도 매우 다양하다. 그러나 상대를 존중하고 친근감 있는 여러 가지 다른 방법들로 인사하는 마음은 어느 나라 사람들이나 모두 같을 것이다.

① 뉴질랜드 마우리족의 코 비비기
② 모로코 사람들의 팔씨름하는 듯 손 맞잡기
③ 서양의 가장 전형적인 인사법 악수(Handshaking)

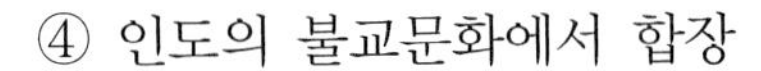

④ 인도의 불교문화에서 합장
⑤ 일본인의 허리 숙여 인사하기
⑥ 한국의 전통 세배

인사의 Point
Smile+바른 시선과 턱의 위치+인사말(+α)+허리인사

3) 인사의 기본자세

(1) 발, 무릎

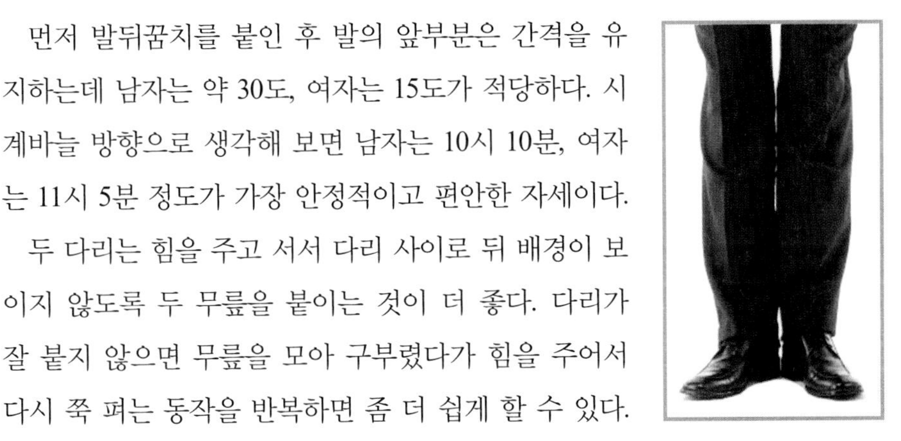

먼저 발뒤꿈치를 붙인 후 발의 앞부분은 간격을 유지하는데 남자는 약 30도, 여자는 15도가 적당하다. 시계바늘 방향으로 생각해 보면 남자는 10시 10분, 여자는 11시 5분 정도가 가장 안정적이고 편안한 자세이다.

두 다리는 힘을 주고 서서 다리 사이로 뒤 배경이 보이지 않도록 두 무릎을 붙이는 것이 더 좋다. 다리가 잘 붙지 않으면 무릎을 모아 구부렸다가 힘을 주어서 다시 쭉 펴는 동작을 반복하면 좀 더 쉽게 할 수 있다.

(2) 손

손의 자세에 있어서는 남자와 여자가 약간 다르다. 남자는 차려 자세가 인사의 기본자세이다. 양팔을 자연스럽게 늘어뜨린 상태에서 손은 계란을 쥔 듯한 모양을 한 다음 엄지손톱이 앞을 향하도록 한 후 바지 옆 재봉선에 갖다 댄다.

여자의 기본자세는 공수(拱手)이다. 공수는 우리 전통예절에서 어른을 모실 때 또한 제사나 명절 등 의식행사에 참여할 때 두 손을 마주 잡아 공손한

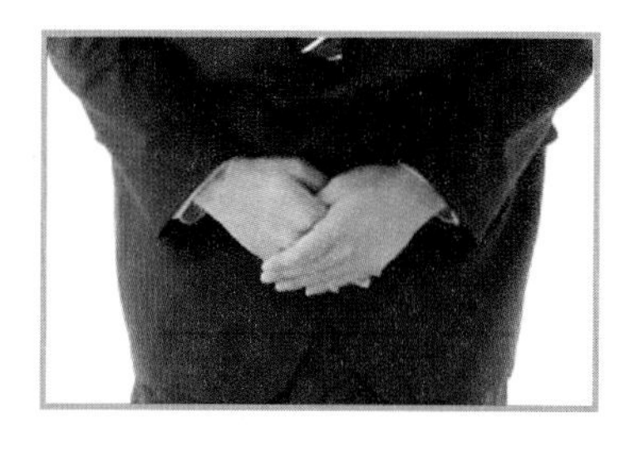

자세를 취하는 것을 뜻하는 말이다. 그런데 이러한 공수는 여자만 필요한 것이 아니라 남자도 역시 필요한데 남자와 여자의 손의 위치가 서로 반대이다. 즉 남자는 왼손이 위로 여자는 오른손이 위로 올라간다. 이것을 남좌여우(男左女右)라고 말한다. 공손히 모은 두 손을 아랫배에 갖다 대고 팔은 힘을 뺀 상태에서 자연스럽게 골반뼈에 올려놓는다.

① 예절의 동서남북

우리나라 전통예절에서는 제사를 지낼 때 제위를 모셔놓는 북쪽을 가장 상석으로 여긴다. 그러므로 인사하는 사람이 북쪽의 위치가 되어서 북쪽에서서 바라보았을 때 왼손은 동쪽, 오른손은 서쪽이다. 다시 말하면 왼손의 동쪽은 해가 뜨는 양의 방향, 즉 남성의 방향이므로 남성은 왼손이 위로 올라가게 된다. 또 오른쪽의 서쪽은 해가 지는 음의 방향, 즉 여성의 방향이므로 여성은 오른손을 위로 올리는 것이다.

② 흉사시 공수법

흉사시에는 남좌여우(男左女右)의 손 위치가 반대로 바뀌어서 남자는 오른손을 위로 여자는 왼손을 위로 올려야 한다. 단, 흉사의 공수는 사람이 죽어서 백일 만에 지내는 졸곡제(卒哭祭) 직전까지를 의미한다. 그러므로 제사를 지낼 때에는 흉사시의 공수법을 취해서는 안 된다. 제사는 고인을 추모하는 뜻 깊은 날로 여기기 때문에 흉사가 아니라 길사로 본다. 따라서 제사 때에는 평상시의 방향대로 공수를 취해야 한다.

(3) 시선과 표정

마지막으로 준비자세에 있어 가장 중요한 것은 바로 표정과 시선 처리이다. 본인이 인사했는데 상대방이 제대로 받아주지 않았을 때 상당히 무안함을 느낀다. 의식적으로 무시하는 사람도 있을 수 있겠지만 인사를 제대로 인식하지 못했기 때문에 그에 대한 반응을 제대로 보이지 못한 사람도 충분히 있을 수 있다. 그러므로 인사하겠다는 그 메시지를 표정과 눈빛으로 먼저 전달할 필요가 있다. 즉 "인사하겠습니다"라는 메시지를 전달하기 위해 상대방의 눈을 보며 "위스키~" 하듯이 밝은 표정을 짓는다. 인사는 마음을 전달해주는 수단이다. 눈을 마주쳐서 인사를 해야만 인사를 하는 사람과 그 인사를 받는 사람의 감정이 오고갈 수 있는 것이다.

4) 올바른 인사방법

(1) 인사말과 동시에 상체 숙이기

인사말은 밝게 고객이 들을 수 있도록 크게 하는 것이 좋으며 그 상황에 따라 시점이 달라질 수 있어야 한다. 산만한 주위를 환기시키거나 고객의 시선을 집중시켜야 할 경우 인사말을 먼저 하는 것이 효과적이다. 그러나 이미 고객이 당신을 보고 있을 때에는 몸을 숙이는 동작을 먼저 한 후 다가가서 인사말을 건네는 것이 보다 자연스럽게 보인다. 그저 아무 생각 없이 무턱대고 반복적으로 외쳐대는 "안녕하십니까?"라는 인사말보다 고객의 입장에서 어느 시점에 인사말을 건네는 것이 좋은지 생각해 본다.

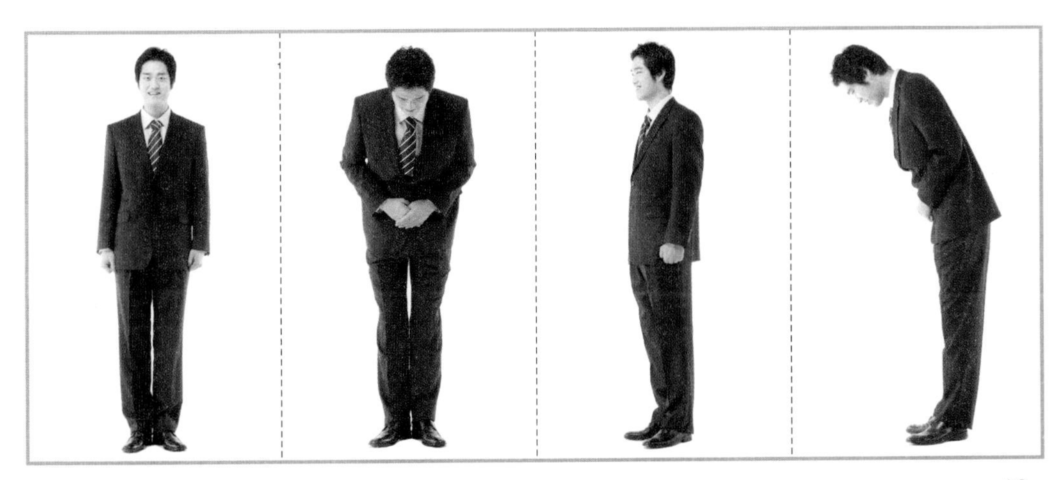

상체를 숙이면서 인사하는 방법에는 크게 세 가지가 있을 수 있다. "안녕하십니까?"라는 인사말을 한 후에 상체 숙이기, "안녕하십니까?"라는 인사말을 하면서 동시에 상체 숙이기 그리고 마지막으로 상체를 숙였다 일어나면서 "안녕하십니까?"라고 하는 것이다. 이 세 가지는 상황에 따라 각각 선택할 수 있다.

상체를 숙일 때는 약 30도 정도의 보통례 각도로 머리와 등, 허리가 일직선이 되도록 하는 것이 가장 정중해 보인다. 따라서 머리를 숙이는 것보다는 등줄기를 펴고 활기차게 1초 동안 허리를 숙여준다.

(2) 잠시 멈춤

인사말과 함께 허리를 숙인 후에 바로 일어나는 것이 아니라 잠시 1초 동안 멈춘다. 이 1초 동안 인사하는 정중한 마음을 상대방에게 전달하는 동시에 인사동작의 절제미를 표현할 수 있다. 이렇게 상체를 숙여 잠시 멈추는 동안 시선 처리 역시 중요하다. 너무 멀리 시선을 두면 고개가 들리게 되고 자신의 발끝을 내려다보면 반대로 고개가 아래로 떨어진다. 따라서 적당한 시선의 위치는 발끝에서 전방 1~2m 정도 되는 곳이다. 또한 처음에는 밝게 표정을 짓다가 허리를 숙이자마자 표정이 차갑게 또는 무표정으로 돌변하는 사람이 있는데 이것은 이중적인 모습으로 신뢰감을 주기 어렵다.

(3) 상체 세우기

상체를 세울 때에는 숙일 때보다 2배 천천히 정중하게 일어난다. 허리를 세운 후 마지막으로 부드러운 표정과 함께 상대방의 눈을 바라보며 밝게 웃는다. 상대방의 눈을 보고 인사한 후에 다시 한번 상대방의 눈을 봐주면 상대방도 무심코 답례를 하고 싶어질 것이다. 인사의 5단계는 다음과 같다.

- 1단계 : 바른 자세로 선다.
- 2단계 : 상체를 1초간 숙인다.
- 3단계 : 상체를 숙인 채 1초간 멈춘다.
- 4단계 : 2초간 천천히 허리를 든다.
- 5단계 : 바른 자세로 선다.

5) 상황에 따른 인사법

일상생활에서 행해지는 인사이므로 정지된 상태가 아닌 움직이는 상태에서 자연스럽게 이루어져야 한다. 상대방이 움직이는 상황에 따라 적합한 인사를 하도록 한다.

(1) 서 있을 때(일명 '4박자 인사법')

상체를 허리부터 숙인다(1초간) - 잠시 멈춘다(1초간) - 천천히 든다(2초간) 위의 동작을 천천히 이행한다.

(2) 걸을 때

원거리에 있을 때는 가벼운 목례를 하고 상대방과 2~3m 정도의 지점에 이르렀을 때 상대를 향해 기본자세를 갖춘 후 눈을 마주치며 정중하게 인사한다. 상급자인 경우에는 상급자가 지나간 후에 움직이도록 한다.

(3) 앉아 있을 때

허리를 곧게 펴고 바른 자세로 앉아서 상대의 눈을 보며 가볍게 목례한다.

6) 듣기 좋은 인사말

인사는 수시로 해야 하는데 그때마다 하던 일을 멈추고 갑자기 인사 자세를 취하고 인사할 수도 없는 일이다. 그러므로 밝은 표정과 따듯한 인사말에 더욱 신경을 써야 한다. 따듯한 표정과 바른 자세, 밝은 목소리가 어우러져야 반갑고 친근함을 전달하는 인사를 할 수 있다.

(1) '솔' 톤

음높이 중의 하나인 '솔' 음으로 인사한다. 이 '솔' 음은 사람이 듣기에 가장 기분 좋고 더 나아가 신뢰감까지 느끼게 한다. 밝은 톤으로 인사말을 함으로써 적극적으로 응대할 준비가 되어 있음을 보여줄 필요가 있다.

(2) 말끝을 살짝 올리기

일반적으로 인사말을 할 때 "안녕하십니까?" 하고 끝을 살짝 끌어주고 끝을 살짝 올리면서 인사말을 하면 보다 경쾌함과 청량감을 느낄 수 있다.

(3) 분명한 발음

발음을 정확하게 하는 것은 그야말로 기본이다. 이 기본을 제대로 지키지 못함으로써 회사의 첫 이미지를 흐려서는 안 되고 오히려 정확한 발음으로 더 좋은 느낌을 심어주는 것이 필요하다.

(4) 밝고 활기찬 목소리

낮고 어두운 목소리의 인사말로 지쳐 있는 느낌을 주는 것이 아니라 밝고 활기찬 목소리로 환영하는 마음을 적극적으로 전달한다. 이와 같이 듣기 좋은 인사말로 상대를 맞이하면 비록 인사하는 동작이 정확치 않다 하더라도 상대는 "내가 정말 환영받고 있구나"라고 충분히 느낄 수 있다. 이처럼 인사말은 인사와 더불어 상황에 맞는 자연스러운 인사말을 구사할 수 있어야 하며 간결하면서도 정성된 마음을 전할 수 있어야 한다.

7) 인사의 종류

(1) 15도 이내의 목례(目禮)

목례란 글자 그대로 눈인사, 즉 'Eye Contact'를 뜻한다. 이때에는 허리를 숙인다기보다는 밝은 표정과 함께 상대방의 눈에서 시선을 떼지 않는, 즉 눈인사로 대신하는 것이다. 그러나 지나치게 뻣뻣하게 몸을 세우고 눈만 맞추면 어색해 보이므로 자연스럽게 어깨를 중심으로 한 상체를 가볍게 15도 이내로 살짝 앞으로 숙여주면 보다 자연스러우면서도 정중한 눈인사가 될 수 있다. 이러한 목례를 할 수 있는 상황 계단이나 엘리베이터의 좁은 장소에서 혹은 화장실이나 식당에서 직장 내 동료들 사이에서, 한번 만난 사람을 잠시 후 또 만났을 경우에도 가볍게 목례한다.

(2) 보통례

보통례는 가장 일반적인 인사법이며 30도 정도 상체를 구부리고 자신보다 윗사람이나 중요한 상대에게 한다. 절대적으로 서두르지 말고 천천히 공손한 마음으로 하도록 한다.

(3) 45도 이상 정중례

정중례는 상체를 45도 구부리는 인사로 다음과 같은 상황에서는 평상시

보다 더 깊이 허리를 숙여 정중하게 인사하는 마음을 전달해야 한다. 진심으로 정중하게 사과할 때와 예의를 갖춰 사의를 표할 때 또한 VIP나 단체손님을 배웅할 때 정중하게 인사하는 최고의 인사이다.

05 정중한 안내자세

1) 안내와 수행

안내는 지리적인 측면과 관련된 것으로 그곳을 알리기 위한 목적에서 하는 행동이다. 수행은 보호나 안전과 같은 일정한 임무를 띠고 따라가는 것인데 서비스맨이 고객을 응대할 때 필요한 업무는 대부분 안내 업무가 된다.

2) 방향 안내

방향을 안내할 때의 기본자세는 손가락이 아니라 손바닥 전체로 안내한다. 이때 손에 너무 힘을 주면서 칼날처럼 곧게 펴는 것이 아니라 물 한 방울 담고 있는 듯 살짝 힘을 빼고 동그랗게 손을 모은다. 안내를 할 때는 왼손, 오른손 모두 사용할 수 있다. 그러나 주의할 점은 왼쪽 방향이라 해서 왼손으로 오른쪽 방향이라 해서 오른손으로 안내하는 것이 아니라 상대방에게 손등이 아닌 손바닥이 보이도록 열린 보디랭귀지를 사용해서 안내를 해야 하는 것이다. 같은 방향이라도 거리의 정도에 따라 가까운 거리와 먼

거리를 안내할 때가 있다. 가까운 거리를 안내할 때는 팔꿈치를 구부리고 먼 거리는 팔을 좀 더 펴준다. 안내자세에 있어서 주의할 점은 손목이 꺾이지 않도록 정중하고 바른 자세를 유지하도록 한다.

3) 시선 처리

안내를 할 때는 시선 처리가 중요하다. 우선 고객이 다가올 때는 고객의 눈을 바라보면서 먼저 관심을 주도록 한다. 그런 다음 고객의 질문을 듣고 안내할 목적지 방향으로 시선을 돌린다. 마지막으로 다시 한번 고객의 눈을 바라보며 확인을 한다. 정확하고 정중한 안내를 위해서는 3단계 시선의 움직임이 매우 중요하므로 유의하도록 한다.

4) 직접 안내

안내해준 곳을 제대로 찾지 못해 직접 안내할 경우에는 좀 더 세심한 배려가 필요하다. 고객이 뒤에서 따라오는지 확인도 안 하고 그대로 등을 보이며 고객 앞에 가는 것은 잘못된 안내자세이다. 고객의 시야를 가로막지 않고 두세 걸음 앞에서 약간 옆으로 서서 걸어가면서 3~4걸음마다 고객이 제대로 따라오는지를 확인한다. 또한 방향이 바뀔 때마다 안내 멘트가 필요하며 목적지까지 도착하면 도착지를 고객에게 확인해 준다.

커뮤니케이션(Communication)이란 언어, 몸짓, 화상 등의
물질적 기호를 매개수단으로 하는 정신적, 심리적인 전달교류로
어떤 사실을 타인에게 전하고 알리는 전달의 뜻으로 쓰인다.
좋은 커뮤니케이션은 생각, 그 이상의 느낌까지 교환하는 것이며
일반적으로 커뮤니케이션에는 언어적 요소뿐만 아니라
비언어적 요소도 함께 존재한다.
언어적 커뮤니케이션은 말하는 내용에 의한 의미전달을 말하는 것이다.
비언어적 커뮤니케이션은 말을 할 때 보여지는 보디랭귀지 등
비주얼 이미지와 말하는 톤이나 음성 같은
언어 외적 요소에 의한 의사소통을 뜻한다.

4. 커뮤니케이션

Communication

01 커뮤니케이션의 이해

커뮤니케이션은 일반적으로 의사전달이라고 하나 커뮤니케이션의 본질은 의사전달뿐만 아니라 상호소통까지 포함하는 것이므로 흔히 의사소통이라고도 한다. 의사소통에 있어 말하는 사람이든 듣는 사람이든 무관심과 부주의는 오해를 불러일으킬 수 있으므로 주의해야 한다.

02

커뮤니케이션의 정의

커뮤니케이션(Communication)이란 언어, 몸짓, 화상 등의 물질적 기호를 매개수단으로 하는 정신적, 심리적인 전달교류로서 어원은 '나누다'를 의미하는 'Communicare'로 어떤 사실을 타인에게 전하고 알리는 전달의 뜻으로 쓰인다. 커뮤니케이션은 상징을 통하여 의미를 전달하게 하는 현상, 즉 정보 전달의 현상이라고 정의할 수 있는데 모든 행동과 사건은 사람들이 이를 지각하는 순간부터 정보 또는 의미를 전달하는 작용이며 지각된 행동이나 사건은 사람들이 전에 가지고 있던 정보에 변화를 가져옴으로써 그들의 행동에도 영향을 줄 수 있다. 일반적으로 커뮤니케이션에는 언어적 요소뿐만 아니라 비언어적 요소도 함께 존재한다.

언어적 커뮤니케이션은 말하는 내용에 의한 의미전달을 말하는 것이다. 비언어적 커뮤니케이션은 말을 할 때 보여지는 보디랭귀지 등 비주얼 이미지와 말하는 톤이나 음성과 같은 언어 외적 요소에 의한 의사소통을 뜻한다.

03 언어적 커뮤니케이션

1) 대화의 기본

"말은 마음의 그림이다"라는 영국의 속담처럼 말은 모든 생각이나 마음을 나타내는 것이다. 커뮤니케이션은 개념상 서로 주고받는 행위이기 때문에 대화에서 자기 이야기만 늘어놓는다면 상대방이 지루해 할 수 있다. 성공한 사람들은 자기 말을 많이 하는 것이 아니라 상대방의 이야기를 끝까지 들어주는 편에 속한다. 그러므로 대화 테크닉은 대인관계에서 상대의 연령에 따라 화술도 달라져야 하고 대화에 임하는 자세에도 신경을 써야 한다. 상대방에게 좋은 인상과 신뢰를 얻기 위해서는 목소리를 다듬고 가꾸는 일을 반복해서 훈련하고 상대방이 무엇에 대해 관심이 많은지 어떤 생각을 하고 있는지 충분히 파악해서 상대방의 이야기를 열심히 경청하는 자세가 우선이 되어야 한다.

2) 대화의 기본화법

우리는 말을 할 때 사람을 나무라듯 하지 말고 행동에 대해 지적하도록 해야 한다. 이는 상대방의 잘못된 행동을 정확히 지적하기보다는 사람을 나무라는 데 익숙해져 있기 때문이다. 이를테면 지적하는 방법으로 "사람이 왜 그 모양이냐", "이런 정도는 알아서 할 때가 되지 않았느냐?"라는 식으로 서

습지 않고 사람을 나무라는 경우가 많다. 이럴 경우 "여기 이렇게 고쳤으면 좋겠다"라고 구체적으로 행동을 지적하면 오해가 훨씬 줄어들게 된다.

(1) 나 전달법(I-message)을 사용하여 말하기

일반적으로 우리가 사용하고 있는 대화는 너(You-message)를 초점으로 하여 이루어진다. 이는 상대방을 비난하거나 판단하는 메시지를 담고 있으므로 상대방을 불쾌하게 만들고 방어하게 만든다. 예를 들어 "당신은 매일 지각만 하는군", "너는 왜 그렇게 버릇이 없어"의 경우와 같이 '너 전달법'은 매우 비효과적인 의사소통방법이므로 다음의 예와 같이 '나 전달법'으로 바꾸어 사용하여야 한다.

"당신이 매일 늦게 출근하면 작업이 제대로 이뤄지지 않아 몹시 불안하다", "그렇게 함부로 행동하면 내가 무시당하는 것 같아 불쾌하다"와 같이 너 전달법의 직설적인 표현보다는 한층 더 상대에게 부드러운 표현으로 접근할 수 있다.

'나 전달법'이란 문제가 되는 상대의 행동과 상황을 평가나 비판의 의미를 담지 않고 구체적이고 객관적으로 말하는 방법으로 자신이 상대방의 행동을 수용할 수 없다고 느낄 때 특별히 활용할 수 있는 기술이다. 상대방의 행동을 비난하지 않고도 진실한 마음과 감정을 드러내기 때문에 상대방도 당신에게 무엇인가 도움이 필요하다는 것을 깨닫게 된다. 또한 상대방의 행동이 자신에게 미친 영향을 구체적으로 말한다. 따라서 당신에게 방어적이 되지 않고도 책임감을 느끼게 된다. 상대방으로 하여금 자발적으로 행동을 변화시키도록 하기 위해서는 자신의 문제가 무엇인지를 확실히 알 필요가 있다. 이를 위해서 자신에게 다음 세 가지를 생각해 볼 수 있을 것이다.

첫 번째는 문제를 유발하는 상대방의 행동은 무엇인지, 두 번째는 그 행동이 나에게 어떤 영향을 끼치는지, 마지막으로 나 자신은 그 결과에 대해 어떤 감정 혹은 느낌을 갖는지의 질문들이 상대방으로 하여금 나 자신이 수용할 수 있는 방향으로 행동을 바꿀 수 있게 도와준다. 불만스러운 상대방의 행동에 훈계나 비난 등을 하기보다는 당신의 욕구에 방해가 되고 있다는 것을 자연스럽게 알려줌으로써 상대방으로 하여금 책임감을 느끼게 할 수 있다. 또한 '나 전달법'은 상대방에게 자연스럽게 변화하려는 의지를 촉진해주고, 나 자신에게는 상대를 부정적으로 평가하지 않으려는 시도이며 서로의 관계를 해치지 않는 윈윈 커뮤니케이션(Win-Win Communication)의 매우 좋은 말하기 방법이다.

(2) 경청하기

최고의 설득은 경청에서 시작된다는 말이 있다. 적극적 경청(Active Listening)이란 커뮤니케이션에 있어서 적극적 청취태도에 대한 사고방식을 뜻하는데 '공감적 경청'이라고도 한다. 듣는 방법에는 '귀로 듣다'와 '귀를 기울이다'가 있지만 경청은 후자에 속하며 상대방이 말하는 바를 확실히 알아들으면서 상대방이 계속해서 말하도록 만들어주는 놀라운 응답방법을 말한다. 경청을 잘하게 되면 다음과 같은 효과를 얻을 수 있다.

① 좋은 인간관계가 형성된다.
② 상대방이 좋아한다.
③ 고객의 욕구를 파악해 '세일'을 할 수 있다.
④ 상사나 부하의 마음을 파악할 수 있다.
⑤ 상사나 부하를 효과적으로 설득할 수 있다.
⑥ 상대방의 뜻에 부합하는 일을 할 수 있고 좋아하는 정보를 얻어낼 수 있다.
⑦ 판단의 재료가 축적된다.
⑧ 설득의 포인트를 잡아낼 수 있다.
⑨ 보다 능숙하게 말을 잘할 수 있다.

(3) 123화법

123화법이란 "1번 말하고, 2번 이상 들어주고, 3번 긍정적인 맞장구를 쳐주라"는 의미로 적극적 경청을 하기 위한 방법이다. 이러한 123화법을 계속 반복하면 상대방에게 존중과 관심을 보여주면서 기분 좋게 대화할 수 있다.

(4) 긍정적 맞장구

경청을 잘하는 사람은 형식적으로 "예, 예" 하고 넉살좋게 대답을 잘하는 사람이 아니라 바로 상대방의 본심을 듣고자 하는 사람이다. 그러기 위해선 말하는 사람이 대화를 펼치기 쉽도록 적재적소에 맞장구나 의견을 삽입해야 한다. 맞장구를 잘 활용하는 사람은 상대방으로 하여금 마음의 문을 열게 할 뿐 아니라 호의적이고 즐겁게 만든다. 맞장구는 추임새와 같은 역할을 하므로 상대방으로 하여금 마음의 문을 열게 하고 경계심을 누그러뜨리며 동의가 빠르게 되고 신이 나게 만드는 역할을 한다.

3) 칭찬하기

대화 중 가장 필요하고 기분 좋게 하는 대화법은 칭찬이다. 칭찬은 거짓이 아니라 실제 존재하는 사실에 대해 상대방에게 표현해주는 것이고 긍정적인 생각을 직접 전달하는 것을 뜻한다. 상대방을 가장 쉽게 칭찬하는 방법은 그 사람의 행동, 외모, 소유물에 대해 생각하는 바를 말하는 것이다.

(1) 칭찬의 테크닉 활용

칭찬을 하려면 효과적으로 해야 한다. 칭찬을 반복하거나 성의 없는 칭찬은 차라리 안 하는 편이 낫다. 직장상사나 웃어른을 칭찬할 때나 특히 처음 만나는 사람을 칭찬할 때도 각별히 신경을 써야 한다. 칭찬은 둘만 있는 자리에서 하기보다 여러 사람이 있는 곳에서 하는 것이 효과적이며 짧고 간단하게 하는 것이 좋다. 또한 벌이나 꾸중은 작게 해도 칭찬은 크게 하는 것이 좋으며 장소 여하를 가리지 말고 칭찬할 일이 생기면 바로 칭찬하는 것이 좋다. 심리학자들이 말하는 가장 효과적인 칭찬 방법으로는 다음과 같다.

① 칭찬으로 시작해서 칭찬으로 끝낸다.
② 처음에는 단점을 지적하다가 나중에 칭찬을 한다.
③ 처음에는 칭찬하다가 나중에는 단점을 말한다.

(2) 칭찬받는 자세

칭찬을 받는 자세도 중요한데 다른 사람들이 자신을 칭찬할 때 너무 겸손한 나머지 부정을 하거나 거부하는 것은 예의가 아니다. 칭찬에 담긴 뜻을 격려로 알고 진심으로 감사할 줄 알아야 한다.

4) 서비스 커뮤니케이션

(1) 명령형을 의뢰형으로

고객과의 사이에 무심코 명령조로 얘기하는 경우가 많은데 반드시 내가 상대방을 마음대로 조정하는 것이 아니라 내 부탁을 듣고 상대방이 스스로 결정해서 따라올 수 있도록 의뢰형으로 표현해야 된다. 의뢰형의 말을 할 때는 "~니다", "~니까"로 끝나는 완전 높임말을 사용해야 보다 정중하게 상대방의 마음을 움직일 수 있다.

[예]

"손님 줄 서세요" → "손님 줄 좀 서주시겠습니까?"
"기다리세요" → "손님, 잠시만 기다려주시겠습니까?"
"이쪽으로 가세요" → "이쪽으로 가주시겠습니까?"

(2) 부정형을 긍정형으로

"몰라요", "안돼요" 등 이러한 표현으로 상대방이 낸 의견이나 이야기를 부정하기 쉬운데 이런 부정적 표현은 상대방의 자존심을 상하게 하여 불쾌감을 느끼게 한다. 고객의 요구나 문의사항에 대해서도 무조건 반사적으로 부정적 반응을 보이는 것보다는 최대한 완곡한 표현으로 긍정적인 말을 사용하여 상대방을 설득한다. 노력해 보지도 않고 부정적인 말을 즉각적이고 반사적으로 내뱉기 때문에 감정이 상하게 되는 것이다. 노력해 보고 알아본 다음에 처한 상황을 설명하면서 "어렵습니다" 정도로 설명해주면 결과에서 얻어지는 실망감이나 불쾌감이 상대적으로 줄어들게 된다.

[예]

"모릅니다" → "제가 알아봐 드리겠습니다"
"안됩니다" → "~하면 가능합니다"
"못합니다" → "도와드릴 수 있는 방법을 찾아보겠습니다"

(3) 쿠션언어의 사용(Magic Words)

상대방이 원하는 것을 들어주지 못하거나 상대방에게 부탁을 해야 할 경우에는 다음과 같은 표현을 사용해야 언짢아지는 기분을 최소화할 수 있다. 이러한 표현을 쿠션언어라고 하는데 고객과의 대화에 있어 충격을 완화시킬 수 있는 효과가 있는 것이 쿠션언어이며 상대방의 기분이 상하지 않게 하면서 자연스럽게 마술처럼 상대방을 설득시킬 수 있다는 의미에서 매직워드(Magic Words)라고도 한다. 쿠션언어는 비록 한마디의 말에 불과하지만 이 한마다의 말을 하고 안하고의 느낌은 무척 크다는 것을 기억하고 습관화할 필요가 있다.

[예]

미안합니다만 / 죄송합니다만 / 실례합니다만 / 힘드시겠지만 / 번거로우시겠지만

(4) YES의 미학

상대방의 마음을 움직이는 것은 바로 표현하는 방법에 달려 있다. 반감을 일으키지 않도록 말하는 청각적인 분위기와 웃음을 보여주는 시각적인 효과가 훨씬 더 호소력이 있다.

[예]

"예, 알겠습니다"
"예, 곧 해드리겠습니다"
"예, 안녕히 가십시오"
"예, 무엇을 도와드릴까요?"
"예, 잘 받았습니다"

(5) 핫 버튼(Hot-button)의 활용

핫 버튼이란 말을 그대로 직역하면 "뜨거운 단추"라고 할 수 있으나 대화법에서는 핵심적인 말을 의미한다. 상대방의 말 속에 숨어 있는 핵심을 신속히 간파하고 대응하는 것은 대화의 키워드를 찾는 일이고 고객 만족의 첫 번째 과제이기도 하다. 특히 시간에 쫓기는 상황에서의 만남이거나 상대방을 설득해야 하는 상황이라면 질질 끌며 맴도는 말보다는 핵심을 찌르는 한마디 말이 설득력이 클 수도 있다.

(6) 좋은 대화의 포인트 3

① 5WH(What, When, Where, Who, What, How)를 염두에 두고 대화하도록 한다. 대화할 때 상황이나 방법, 대화상대 등을 의식하여 대화하여야 한다.
② '사실'과 '의견'을 구분한다. 기존의 사실과 대화하는 개개인의 의견은

다를 수 있다. 사실과 의견을 잘 구별하여 대화하여야 대화상대와의 마찰을 줄일 수 있다.

③ 결론부터 말한다. 대화할 때는 일단 결론부터 말해서 상대방의 궁금증을 풀어준 후 부연설명을 하거나 이해하게 하는 방식으로 대화한다.

④ 반드시 복창, 확인을 한다. 상대방의 이야기를 들은 후 복창하여 중요한 내용은 다시 한번 확인해야 정확한 의사교환이 가능하다.

⑤ 구체적으로 간결하게 한다. 대화내용은 구체적으로 표현하되 간결성을 잃지 않도록 요약하여 말하도록 한다.

5) 대화의 기술(The art of conversation)

말의 힘(The power of words)과 신뢰의 기쁨은 대화(Communication)에서 나온다.

① 대화의 기술을 향상시키려면 많은 정보를 접하고 책이나 신문, 잡지 등을 열심히 읽는다. 바른 예의를 갖추는 것은 기본이다. 다른 사람에 대해 관심을 갖는다.

② 대화를 잘하려면 화제(대화의 소재)의 범위가 넓어야 한다. 상대방이 무엇을 하는지, 어떻게 하는지, 어떤 방향으로 가고 있는지 등에 대한 관심을 보인다. 상황에 따라 주제의 신속한 변경과 적절한 화제를 선택해야 한다. 대화의 주제(Topics)를 상대방의 관심사항 위주로 조정한다. 상대방이 얘기하는 도중에 말을 끊거나 끼어들지 않는다. 경험과 지식을 바탕으로 말하되 무책임한 추측은 좋지 않다. 상대방과 눈을 맞춘다(Eye Contact). 적절히 칭찬하는 법을 안다.

③ 대화할 때 피해야 할 주제는 돈과 관련된 문제, 건강에 관한 문제, 논쟁거리가 되고 있는 문제, 루머, 종교에 관련된 주제 등이다.

(1) 스몰 토크(Small Talk)

스몰 토크는 간단한 대화를 말하는 데 있어 가볍고 편안하게 일반적인 주제로 부담 없이 나누는 대화를 말한다. 친숙하지 않은 관계에서 상대방의 관심을 유도하고 궁극적으로 호감을 심어주어 만남을 이끌어내려면 이야기를 풀어나가는 전술·전략이 필요하다. 스몰 토크를 잘 활용하면 다른 사람에게 다가감으로써 좀 더 인간적이고 흥미진진한 인간관계로 발전할 수 있다.

(2) 말을 잘할 수 있는 비결

① 말할 거리를 사냥하라.
② 깊이 생각하라.
③ 적극적으로 표현하라.
④ 3분 스피치 연습을 하라.
⑤ 최선을 다해 들어라.
⑥ 비즈니스맨의 성공 화법을 들어라.
⑦ 이미지 테크닉(Image Technic)을 활용하라.

(3) 이성에게 호감을 주는 성공 화술

① 성공 이미지를 그린다.
② 세련된 말씨를 구사한다.
③ 호감 있는 표정으로 승부한다.
④ 자세를 반듯하게 갖도록 한다.
⑤ 상대에게 호의적인 제스처를 적절히 사용하며 몸으로 말한다.
⑥ 솔직하게 말한다.
⑦ 유머와 친숙해진다.
⑧ 친구를 만난다는 느낌으로 편안한 마음을 갖는다.

04 비언어적 커뮤니케이션

1) 신체언어(Body Language)

사람의 몸짓이나 표정 등이 모이면 마치 책을 읽는 것과 같이 그 사람을 읽어낼 수 있다. 사실 대화를 할 때 말보다 신체적인 언어가 더 많은 것을 전달해 준다. 즉 보디랭귀지란 "몸짓이나 얼굴 표정, 자세를 통하여 타인에게 무의식적으로 보내는 메시지나 신호"로 정의될 수 있으며 무의식적이기 때문에 진실만을 의미한다고 할 수 있다. 언어적인 메시지와 비언어적인 메시지의 비율을 살펴보면 의사소통을 언어적 메시지로 하는 것은 7%에 불과하고 비언어적 메시지로 하는 것은 93%에 이른다고 한다. 비언어적 메시지 중에서도 어조나 억양이 38%, 얼굴 표정이나 손짓, 몸짓 등 신체적인 언어가 55%로서 매우 큰 비중을 차지함을 알 수 있다.

사람은 말을 배우기 시작할 때 직접적인 신체언어를 먼저 습득한다. 아기가 엄마의 눈을 보고 말을 하며 표정을 보고 대화를 하듯이 앉고, 서고, 눕고, 구부리고, 웃고, 울고 하는 모든 것이 대화라고 볼 수 있다. 어떤 사람이 한마디의 말도 하지 않더라도 자신에 대해 어떻게 판단하는지 알 수 있는데, 이러한 비언어적 메시지가 말보다도 더 강력한 영향을 미친다고 할 수 있을 것이다. 상대방과 대화할 때 몸을 앞으로 수그리거나 바짝 다가설 경우, 그 대화에 관심이 있다는 신체적 언어 표현이고 허리를 뒤로 젖히거나 다리를 꼬고 팔짱을 낀다면 방어적인 자세가 될 것이다. 더군다나 시계를 자꾸 본다면 이런 행위는 대화의 단절을 의미하는 행위이다. 이와 같이 얼굴, 체격, 걸음걸이, 태도, 자세, 매너, 목소리, 의상, 화장, 미소 등의 표현수단은 모두 신체언어가 될 수 있다.

(1) 얼 굴

"사람은 누구나 40세가 되면 자기 얼굴을 책임져야 한다"는 말은 신체언어의 중요성을 표현하고 있으며 자기 얼굴은 자기 스스로 만들어가는 것임을 말해주고 있다. 그 중에서도 인상(Impression)의 대인적 효과는 거의 절대적이라 할 수 있다. 첫인상에 반한 사람은 상대방이 실수하거나 잘못이 있더라도 첫 만남의 강한 인상이 머리에 각인되어 있어 관용을 갖고 대하게 되는 것이 바로 그 한 예이다.

일례로, 미국의 링컨 대통령은 마르고 빈약한 용모를 지녔으나 자신이 쌓아온 지식과 신념, 가치관 등이 농축된 얼굴 이미지 때문에 고유한 개성이 담긴 수염을 기른 푸근하고 따듯한 제2의 얼굴(인상)을 가질 수 있게 되었다.

(2) 표 정

인상과 표정은 타인을 위하여 관리되어야 한다. 항상 엄한 표정을 짓고 있는 가장의 가족들은 절로 소심하고 소극적으로 행동하게 된다. 감정이입 법칙이라는 말이 나타내주듯 사람의 감정과 표정은 전염이 되는 경향이 있다.

(3) 태도, 매너

태도는 마음가짐에서 나오는 일종의 자세로 어떤 생각과 기분을 나타내는 심리적 반응이다. 우리는 이러한 태도와 자세에서 상대방의 습관, 교양, 품위를 알아볼 수 있다. 또한 매너는 평소부터 몸에 배어 있는 개인의 특징적 · 습관적 태도로서 오랫동안 자신이 만들어가는 제2의 개성적인 자태라고 할 수 있다.

따라서 내가 취하고 있는 태도와 자세는 "나는 이러한 사람입니다"라고 무언중에 자기를 나타내는 한 방법이라 할 것이다. 하지만 서양인에 비해 동양인인 우리는 태도나 자세 면에서 대단히 제한되어 있으며, 점잖은 사람이라면 되도록 자제하고 최소화해야 한다는 잘못된 생각을 가지고 있다. 우리의 신체는 단지 외부 자극을 수용하기만 하고 팔과 다리는 단지 움직이기 위해서만 있는 것이 아니다. 마음의 혼을 담고 있는 우리 몸은 머리부터 발끝까지 의도대로 잘 보호·관리되고 활용되어야 올바른 인격체로 비로소 한 묶음이 되는 것이다.

(4) 제스처

제스처는 어떤 의미를 의도적으로 전달하기 위해 사용된다. 집중하지 못하고 무엇인가를 만지작거리는 것은 무엇인가 무료하고 불안함을 나타내는 것이다.

코를 만지거나 눈을 비비는 것은 마음이 불편한 상태를 말하고 신뢰감이 떨어진다는 의미를 전달한다. 대화중에 손을 목 뒤로 올리면 대화를 중단하고 싶은 심정을 드러내는 것이다. 한국인의 보디랭귀지는 서구인들에 비해 표정만큼 매우 부족한 편이다. 바른 자세와 세련된 포즈, 대화할 때의 적절한 손동작부터 보디랭귀지를 구사하는 것이 좋다. 효과적인 손동작인 'Positive Hand'는 손바닥을 이용해 표현하거나 혹은 손끝을 가지런히 모아 손 제스처의 파워를 보여주는 것이 바람직하다. 특히 손가락으로 가리키며 표현할 경우에는 상대에게 장애가 되는 손동작이 되지 않도록 각별히 주의한다. 눈의 움직임에 있어서도 눈맞춤(Eye Contact)의 경우 상대의 눈동자 오른쪽을 바라보며 한참 있다 왼쪽 눈동자를 바라보는 것이 효과적이며 좀 더 권위적인 제스처를 원할 경우에는 이마를 바라보는 것이 좋다.

고객과 마주보며 상담하는 몸의 위치에 있어서도 고객을 그대로 마주보는 것은 긴장감과 적대감을 유발할 수 있으므로 모서리를 기준으로 대각선으로 앉는 것이 좋고 상대방의 오른쪽 옆에 있는 것이 호감을 얻을 수 있는 확률이 높다. 예를 들어 세일즈맨의 경우 제품설명서를 들고 살짝 고객의 오른쪽으로 다가가며 앉아서 대화할 때도 눈높이를 조금 높게 하며 손동작이 필요할 경우 손가락보다는 손바닥 끝을 가지런히 모은 채 가리키며 설명하도록 한다. 이런 신체언어야말로 고객과의 친밀감을 유도해내는 데 좋은 효과를 지닌다.

(5) 공 간

여기에서 말하는 공간이란 사람과 사람 사이의 공간 혹은 개인에게 주어진 영역(신체적)을 말한다. 미국 노스웨스턴 대학교의 에드워드 홀(Edward T. Hall) 교수는 근접학(Proxemics)이라는 새로운 분야를 만들었는데, 인간이 타인 사이에 필요로 하는 공간 및 공간과 환경, 문화와의 관계를 연구하는 학문 분야이다. 홀 교수의 연구는 커뮤니케이션 이론에 지대한 영향을 주었다. 특히 서로 다른 문화 간의 커뮤니케이션 공간 인식에 관한 분야에서 중요한 부분을 차지하고 있는데 그의 이론에 따르면 사람들은 공간영역을 인식하고 행동하는 데 친밀한 거리(Intimate Distance), 개인적 거리(Personal Distance), 사회적 거리(Social Distance), 공적 거리(Public Distance) 4가지로 구분하여 인식하고 행동한다고 하였다. 현재 공간영역을 보호하거나 다른 영역으로 넘어갈 때 어떻게 반응하는지는 타인들과의 관계에서 매우 중요한 의미를 가진다.

2) 상대의 행동언어 파악

정보 전달, 즉 커뮤니케이션 매체 중 우리가 사용하는 말 그 자체보다 얼굴 표정, 신체 동작, 시선 등 비언어적 요소인 행동언어가 차지하는 비중이 상대적으로 훨씬 크다는 것을 살펴보았다. 따라서 협상에 있어서 상대방의 표정 등 행동언어로부터 유익한 정보를 얻을 수 있다는 사실을 인식하는 것 또한 매우 중요하다. 즉 상대방의 행동언어로부터 수집한 정보는 효과적인 협상을 달성하는 데 큰 도움이 될 수 있다.

(1) 얼굴의 표정을 통한 미소로 상대의 심리 파악

1 맞장구치지 않고 미소를 짓는다

완곡한 거부나 난처함, 상대방이 귀찮다는 표시이다. 보기 싫은 사람이나 귀찮은 상대를 내쫓는 데는 맞장구를 치지 않고 그저 가벼운 미소만 짓는 것이 상책이다. 이러한 미소는 상대를 혹독하게 거절하지 않으면서도 스스로 물러나게 하는 효과를 지닌다.

2 생면부지의 사람과 부딪쳤을 때 미소를 짓는다

엘리베이터나 지하철 등에서 다른 사람과 부딪치면, 그 사람을 향해 고개를 살짝 숙이면서 미소를 짓는다. 이것은 상대에 대해 악의나 공격적인 의사가 없다는 무언의 변명이다.

3 얼굴에 잠시 미소를 지었다가 곧 미소를 거둔다

이런 사람은 속으로 계산을 하고 있으므로 조심해야 한다. 비즈니스로 만난 사람이 만면에 웃음을 짓다가 갑자기 싸늘한 표정을 보이면 의무적인 미소이며 만만치 않은 상대임을 간파해야 한다. 왜냐하면 보통 사람이라면 웃고 나서도 그 여운이 잠시 동안은 표정에 남아 있기 때문이다.

4 갑자기 미소를 중단한다

쓸데없는 행위에 대한 무언의 경고이다. 이야기 도중에 갑자기 상대의 얼굴에서 미소가 사라지면 이쪽의 말이 흥미가 없거나 뭔가 실수를 했다는 뜻이다. 또 상대가 결례되는 장난을 걸어올 때도 마찬가지로 미소를 중단하고 경어를 쓰면 눈치 빠른 상대라면 곧 알아차릴 것이다.

5 상대방을 보지 않는다(시선을 피한다)

상대하고 싶지 않다는 뜻이거나 상대에게 무언가 숨기려는 마음이 있을 때 혹은 힘들고 지쳐 있는 상태에 있을 때 시선을 피한다.

(2) 표정을 통한 상대의 심리 파악

[1] 설득하기 위해 애쓰는데 상대의 얼굴에 표정이 없다

부탁을 거부하거나, 난처한 입장이거나, 혹은 혐오감의 표시이다. 표정이 없다는 것은 어떤 감정을 얼굴에 나타내지 않는 것을 말한다. 따라서 단수 높은 거절은 무표정한 얼굴로 하는 것이 좋다.

[2] 여성이 특정한 남성에게 무관심한 표정을 짓는다

그 남성에게 호의를 가지고 있다는 의사 표시이다. 알다가도 모를 여자의 마음은 바로 이 역 표현에서 비롯된다. 여성에게서 무관심의 표정을 읽을 줄 알아야 한다.

[3] 공연히 불쾌한 표정을 짓는다

마음속에 간직하고 있는 혼자만의 기쁨을 남에게 알리지 않으려는 속셈이다. 화투나 포커를 칠 때 좋은 패가 들어오면 일부러 불쾌한 표정을 짓기도 하는데 별다른 이유 없이 불쾌한 표정을 짓고 있다면 그것은 속으로 기쁜 일을 간직하고 있다는 뜻이다.

(3) 좋아하는 감정 나타내기(SOFTEN 행동)

① Smile(미소) : 미소는 상대방에게 관심, 호감, 편안함 등의 긍정적 메시지를 보낸다.

② Open Posture(열린 자세) : 열린 자세를 하고 있으면 느긋해 보이고 친밀하게 교제하고 싶음을 보인다.

③ Forward Lean(상대방 쪽으로 몸을 약간 숙이기) : 앞으로 몸을 조금 숙인 자세는 관심이 있고 없음을 뜻하고 대화에 몰입할 수 있도록 해준다.

④ Touch(신체 접촉) : 신체 접촉은 "당신에게 신경 쓰고 있어", "당신을 정말 좋아해"라고 침묵으로 말하는 것이다.

⑤ Eye Contact(시선 마주치기) : 사람들은 상대의 눈을 바라봄으로써 자신

이 관심의 대상이 되고 있음을 보다 쉽게 느끼게 된다.

⑥ Nod(고개 끄덕이기) : 고개를 끄덕임으로써 상대방의 말이 맞다는 긍정과 이해의 정도를 표시할 수 있다.

목소리는 말하는 사람의 열정을 반영한다.
다양한 목소리의 변화를 이용해 에너지와 활력을 불어넣을 수 있고
듣는 사람을 집중하게 할 수 있다. 풍부한 성량과 활기찬 목소리는
자신감과 신뢰감을 주는 효과를 배가시킨다.
특히 연설을 할 때는 목소리의 높낮이와 크기의 변화를
다양하게 이용해 청중을 집중시키고 열광하게 한다.
목소리는 배에 힘을 주고 폐에서 울리는 소리를 내야
듣기도 좋고 부드러우면서 충분한 성량이 나온다.

01 목소리의 개념과 종류

목소리는 개인의 이미지에 중요한 역할을 차지하는데 품격이 있는 목소리는 외모를 능가하는 힘을 발휘하기도 한다. 특히 대화 상대가 이성인 경우에 목소리는 더욱 중요하다. 이상적인 목소리는 부드럽고 거침이 없으며 톤과 음량도 좋고 속도도 다양해야 한다. 그리고 좋은 음성은 조금 낮은 듯한 흔히 하는 말로 중저음이다. 또한 차분하면서 음악적인 선율이 살아있는 억양이면 좋다. 높낮이도 적당하고 음성이 좋은 사람은 70% 이상 타고나지만 발성연습을 하고 노력을 통해 좋은 목소리로 만들 수 있다.

1) 목소리의 종류

(1) 열정적인 목소리

열정적인 사람들은 목소리부터 다르다. 언제나 자신감 있고 에너지가 넘친다. 그러나 열정은 매순간 지속될 수는 없으므로 의도적으로 긍정적인 생각을 갖고 에너지가 넘치는 생활을 하도록 한다.

(2) 비주체적인 목소리

주위나 상대방의 감정이나 입장은 아랑곳하지 않고 자기 주도적으로 부정적인 말을 함부로 하는 사람들의 목소리를 말한다.

(3) 육체에 문제가 있는 목소리

구강구조에 문제가 있거나 자연스럽지 못한 발성습관으로 인해 만들어진 목소리를 말한다. 육체에 문제가 있는 목소리는 우선 전문가의 치료를 받아야 한다. 그렇지 못한 경우라면 자신의 목소리에 스스로 자신감을 갖도록 노력하도록 한다.

(4) 난 목소리와 된 목소리

인간이 가장 듣기 싫은 목소리는 잘난 체하는 목소리일 것이다. 자기 자랑이나 일삼고 기분을 무시하는 목소리들이 난 목소리에 해당된다. 잘난체하는 목소리는 결국 못난 체하는 목소리가 되고 만다. 반면 된 목소리를 내는 사람들은 자신의 목소리에 상대방을 끌어들일 수 있는 여백을 마련하는 소리를 낸다. 자연스럽게 흐르는 물과 같은 소리이다.

(5) 흡입하는 목소리

목소리로 상대방 마음속의 본심을 정확히 맞추려 노력하는 사람들이다. 이런 사람들은 다른 사람을 흡입하는 듯한 느낌을 준다. 또한 이들의 목소리는 메아리처럼 같은 말을 해도 여운이 길게 느껴진다. 흡입하는 목소리는 반대로 발산하는 목소리가 크다는 의미가 된다.

(6) 재미있는 목소리와 재미없는 목소리

상대방에게 유머러스한 목소리로 즐겁게 해주는 사람이 있는 반면, 딱딱하고 메마른 듯한 느낌을 주는 목소리가 있다. 유머는 모든 대화의 양념과 같다. 재미있는 목소리를 내고 싶으면 다른 사람을 흉내 내거나 어설픈 사투리를 구사하는 것이 아니라 자신만이 창조적인 발상을 생각해내면 된다.

02 목소리를 좋게 하는 방법

목소리를 좋게 하기 위해서는 꾸준히 훈련하고 연습해야 하는데 호감 가는 목소리는 타고나기보다는 습관에 의해 만들어진다. 좋은 목소리를 내는 방법은 다음과 같다.

① 바른 자세를 유지한다. 가슴을 올리고 배를 올리는 것이 기본자세이다. 서 있는 경우에는 양발을 균등하게 배분하고 앉는 자세는 양발을 약간 벌리되 절대로 다리를 꼬지 않는다. 이런 자세는 혈액순환을 막아 좋은 목소리가 나올 수 없게 하기 때문이다.

② 목소리 톤(음색)을 다양하게 사용한다. 이는 지루한 목소리를 훈련하는 단계이다. 목소리의 톤을 다양하게 하여 좋은 효과를 얻도록 한다.

③ 생동감 있게 말한다. 목소리는 늙어도 젊게 피로할 때도 생동감 있게 해야 독특하고 강한 이미지를 전달할 수 있다. 특히 힘이 없는 남성의 목소리는 상대를 사로잡지 못하므로 유의해야 한다. 강한 남성의 카리스마는 목소리를 통해 전달된다. 피곤한 음성으로 말하지 말고 마음과 몸을 가다듬어 활기차게 말하는 습관을 가져야 한다.

④ 음성을 낮추는 것이 좋다. 좀 낮은 음색과 음성이 더 신뢰를 준다고 한다. 보통 사람들이 얘기할 때도 이야기가 진지하고 심각할 때는 낮은 음성으로, 이야기하는 것처럼 상대에게 신뢰감을 주고 싶을 때에는 중저음을 유지하는 것이 좋다.

⑤ 목소리가 피곤하지 않아야 한다. 목소리가 잘 안 나올 때는 길게 숨을 쉬거나 침묵하거나 레몬즙이 들어간 따뜻한 차를 마시면 좋다. 그러나 맥주나 우유는 목에 점액을 만들기 때문에 말하기 전에는 마시지 않도록 하며 성대에 무리가 가지 않도록 주의한다.

⑥ 긍정적인 말, 격려하는 말, 감사하는 말, 아름다운 말을 많이 사용하는 것이 자신에게도 듣는 이에게도 좋다.

03 보이스 트레이닝(Voice Training)

개개인의 외모와 성격이 다르듯 목소리 또한 천차만별이다. 목소리의 기본 원칙이 있다면 상대방의 마음을 움직이는 소리를 내야 한다는 것이다.

1) 목소리 모니터링

녹음기를 통하여 들려오는 자신의 목소리를 듣고 흡족해 하는 사람은 그다지 많지 않을 것이다. 그러나 녹음기에서 들려오는 소리가 실제로 남들이 듣고 있는 자신의 목소리이다. 자신이 말할 때 듣던 목소리는 청신경을 통해 들리기 때문에 울림이 다르게 느껴진다. 따라서 자신의 실제 목소리를 모니터링 하면 문제점이 무엇인가를 발견할 수 있고 대책을 세울 수 있기 때문이다.

2) 발음, 발성법

① 목소리는 몸의 자세가 중요하다. 바른 자세를 하는 습관을 갖도록 한다.
② 발성의 99%는 호흡이므로 호흡훈련을 하도록 한다. 호흡은 복식호흡으로 일정하고 안정적인 호흡을 지향하도록 한다. 윗몸일으키기를 통해서 복근의 힘을 강화시키고 풍선을 부는 것 같이 볼을 빵빵하게 부풀려 공기를 한껏 넣었다가 '후-' 하고 다시 빼주는 연습을 한다.

③ 힘 있게 말하려면 우선 혀의 움직임을 좋게 하는 것이 중요하다. 다양한 발음을 통해 감각을 익히는데 양쪽 어금니로 나무젓가락을 가볍게 물어 고정시키고 '타-' 하고 발음해 본다. 혀끝을 위에서 아래로 털어내는 듯한 느낌으로 발음해본다. 다음은 '나-' 하고 발음하는데 이때는 혀 한가운데를 움직이는 기분으로 발음해 본다. 마지막으로 '가-' 하고 혀의 안쪽을 의식하고 발음한다. 혀가 너무 움직이는 것 같으면 혀끝을 아래 앞니에 붙이며 발음하도록 한다.

3) 효과적인 목소리 관리법

좋은 목소리를 유지하기 위해서는 평상시의 생활관리가 중요한데 특히 목에 부담이 가지 않도록 하는 것이 중요하다.

① 하루 6~10잔 이상의 물을 마신다. 수분을 충분히 공급해주면 성대 점막이 촉촉해져 쉽게 상처가 나는 것을 방지할 수 있다.
② 맵고 짠 음식은 성대에도 좋지 않으므로 가급적 피하도록 한다.
③ 하체를 편하게 하고 바른 자세로 말하는 습관을 갖도록 한다.
④ 술, 카페인, 유제품은 체내의 수분을 빼앗아 건조한 성대를 만드는 원인이 된다. 말을 많이 하거나 노래를 부르기 전에는 가급적 이런 음료는 피한다.
⑤ 헛기침은 목에 무리를 줄 수 있으므로 가능한 참도록 하고 목의 피로를 풀고 수분을 공급하는 차를 자주 마시도록 한다.
⑥ 생리, 임신 중에는 성대의 혈액이 뭉치게 될 수 있으므로 말을 많이 하거나 노래를 하는 등 성대에 지나친 자극이 가해지는 것을 피해야 한다.

4) 복식호흡

목소리를 좋게 하기 위해서는 후두를 진동시키는 에너지원인 산소의 공급이 충분해야 한다. 숨을 깊이 들이마시는 복식호흡은 흉식호흡보다 30% 정도 많은 폐활량을 확보할 수 있다. 폐활량이 많으면 많을수록 폐에서 성대로 가해지는 공기의 압력이 높아져 성대를 힘들이지 않고 손쉽게 소리를 낼 수 있다. 소리는 들숨보다 날숨에 의해 만들어지므로 복식호흡시 가능하면 들숨보다 날숨을 길게 갖는 것이 좋다.

5) 공명하기

소리가 입 밖으로 나오기 위해서는 성도를 통해 후두의 진동이 공명되는 과정을 거치게 된다. 공명이 충분히 일어날수록 좋은 목소리가 나온다. 이를 위해 평소 입술을 다문 채 '음- 흠-' 하고 공명음을 반복하는 습관을 들이도록 한다.

04 스피치(Speech)

1) 스피치 구조

처음 연설을 하는 것은 여러 사람 앞에서 몹시 당황스런 일이 될 수 있다. 무엇을 어떻게 말할지 결정하는 것이 힘들고 두려울 수 있다. 어떤 사람들은 대중 앞에서 말하길 좋아하며 뛰어난 스피치 능력을 가진 사람도 있으나 대부분의 사람들은 끊임없는 훈련과 노력으로 좋은 결과를 만들어낸다.

2) 스피치 전달방식

스피치의 내용과 전달방식은 스피치의 상황, 스피치의 청중 그리고 스피치의 목적에 따라 달라진다. 연설의 내용뿐 아니라 말하는 사람의 음성, 톤, 자세에 따라 청중의 반응이 달라지기도 하는데, 스피치는 청중을 목표로 전달하기 때문에 스피치를 하는 동안 관중을 잘 살피고 해야 할 역할을 잘 인식해야 한다. 효과적으로 메시지를 전달하는 방안을 결정하기 위해서는 연설을 듣는 당사자인 청중을 잘 살펴보아야 한다.

3) 스피치 원고의 작성

스피치를 하기 전이나 연설문 작성을 시작하기 전에 분명하게 몇 가지 목적을 설정한다. 연설이 진행되면서 어느 정도 성공적인 연설이 되어 가는지 청중의 반응을 통해 미리 인지할 수 있다. 스피치를 하기에 좋은 글은 내용 구성이 조화롭고 연설자의 메시지를 열정적으로 전달하는 서언과 본문, 결언이 부드럽게 잘 이어져야 한다.

(1) 서 언

처음 30초가 스피치에 가장 중요한 부분이다. 짧은 시간 동안에 청중의 주의를 끌어야 하고 그들이 연설자가 하는 말에 관심을 가지고 듣도록 하는 것이다. 서언의 방법으로는 청중의 호기심을 자극하거나 생각을 하게 만드는 질문, 논쟁과 흥미로운 이야깃거리로 시작하거나 명언, 유행하는 농담을 던질 수도 있다. 일단 청중의 주의를 끌게 되면 스피치는 끊어짐 없이 부드럽게 본문으로 이어진다.

(2) 본 문

스피치의 본문은 내용적으로 가장 긴 부분이다. 청중은 스피치의 주제를 인식하고 내용에 대해 들을 준비를 시작한다. 스피치의 본문을 시작하는 가장 좋은 방법은 핵심적인 포인트를 설정하여 다음의 포인트와 자연스럽게 연결시켜 나가야 한다. 이렇게 하면 스피치가 논리적이고 부드럽게 전개되며 청중들이 이해하기 쉬워진다. 너무 많은 포인트로 청중을 감동시키려 하는 것은 무리이며 한두 개의 포인트를 정확하게 전달하는 것이 중요하다.

(3) 결 언

서언과 마찬가지로 결언부분이 잘 정리되어야 하고 특히 3가지 측면에서 결언의 역할이 크게 작용된다. 첫째는 스피치의 포인트를 요약하고, 둘째는 청중들에게 스피치 주제에 대하여 나중에 생각할 만한 여운을 주는 말을 남기도록 하고, 마지막으로 청중에게 스피치에 대한 호감적인 기억을 갖도록 해야 한다.

4) 스피치 하기

스피치를 하기 위해 준비할 때 경험이 없을 시에는 연설문을 읽거나 메모 노트를 읽는 경우가 많다. 연설문을 그대로 읽으면 빼먹는 일이 없어 자신감을 갖지만 청중을 잘 볼 수 없고 연설자에게 몰입시키기 어렵기 때문에 연설문을 보고 읽는 스피치는 바람직하지 못하다. 기억만으로 스피치를 하기에는 자신감이 없어 전체 연설문을 읽는 것보다는 메모 노트를 이용한 스피치가 훨씬 더 효과적이다. 스피치의 내용을 연설자 스스로가 완벽히 이해하고 되도록이면 전체적으로 문장을 어느 정도 외워둔 후 문장이 긴 부분에 가서는 조금씩 메모 노트를 보면서 연설하는 것이 바람직하다. 외워둔 문장을 지나치게 기억에 의존하여 연설하려면 원고를 그대로 읽어내리는 것처럼 단조롭거나 반복적인 분위기로 청중에게 호감을 받기는 어렵다. 자신만의 스피치 스타일을 개발하고 누구에게 무엇을 전달하려 하는가와 상대에게 어떤 이미지를 심어주고 싶은가의 구체적인 스피치 전략이 있어야만 한다.

효과적인 스피치 자세는 다음과 같다.

① 용모나 복장을 상황이나 청중의 분위기에 맞게 준비한다.
② 분명하게 발음하고 잘 들을 수 있도록 목소리를 조정한다.
③ 불안할 때는 말을 빨리 하려는 습성이 있으므로 여유를 갖고 말을 하도록 한다.
④ 청중과 눈을 맞추어 집중도를 끌어올림으로써 서로간의 신뢰도를 높인다.
⑤ 불안한 몸동작과 손을 움직이는 등의 불안한 행동은 하지 않는다.
⑥ 호주머니에 손을 넣지 말고 효과적인 손동작으로 자신만의 스피치 스타일을 만들어간다.
⑦ 스피치를 할 때는 반드시 스피치 "트라이앵글(삼각형 모양을 연상하여 바른 자세를 밑으로 기반을 잡은 후 위에서는 정확한 발음을 구사하는

것)" 활용법으로 한다.

⑧ 스피치 스타일은 바른 자세와 복식호흡, 정확한 발음의 단계로 진행하며 목소리의 크기나 목소리의 톤, 스피치 속도 등에 따라 차이가 난다.

5) 스피치의 원리와 형태

(1) 웅변형 스피치

스피치의 내용보다는 테크닉(억양의 변화 구사)에 중점을 두고 말하는 형태로 들을 시에는 감동을 받는 것처럼 느껴지나 이야기를 다 듣고 나면 아무것도 기억에 남는 것이 없는 스피치의 형태이다. 그러나 순간순간 듣는 사람들의 박수를 유도해내어 분위기를 장악하는 데에는 아주 효과적인 방법이기 때문에 각종 대중 스피치에 많이 활용된다.

(2) 횡설수설형 스피치

스피치의 내용도 없고 줄거리도 잡을 수 없는 자기 혼자만 중얼거리는 형태의 스피치이다. 듣는 사람 역시 듣고 나면 도대체 무슨 말을 했는지 전혀 알 수 없는 준비되지 않는 스피치이다.

(3) 미사여구형 스피치

스피치의 표현방법에 미사여구를 많이 사용하여 멋만 부리는 형태의 스피치이다. 모든 사람들이 쉽게 알아들을 수 있는 평범한 표현보다는 어렵고 추상적인 표현을 하여 자신의 학식을 자랑이라도 하려는 듯한 인상을 심어주려는 스피치로 잘못된 스피치 형태 중 하나이다.

(4) 독선형 스피치

이해하기 힘든 학문을 연구하는 학자들이 자신의 권위를 먼저 앞세우고자 하는 스피치로 듣는 사람을 전혀 배려하지 않고 하는 스피치의 형태이다. 이

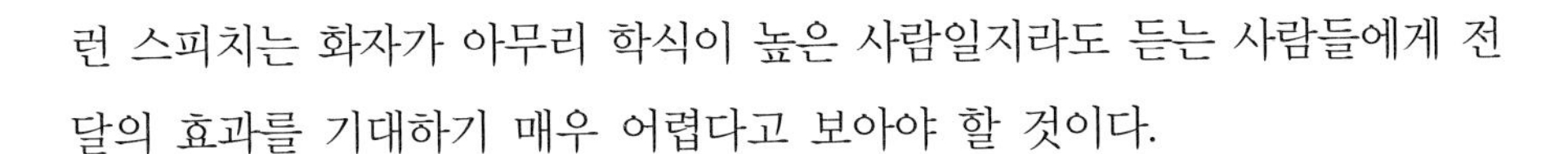

런 스피치는 화자가 아무리 학식이 높은 사람일지라도 듣는 사람들에게 전달의 효과를 기대하기 매우 어렵다고 보아야 할 것이다.

(5) 설교형 스피치

화자가 듣는 사람의 입장에서 말하는 것이 아니라 자신의 생각과 주장을 그대로 전달시키려고 하는 조금은 이기적이고 일방적인 형태의 스피치이다. 이야기의 중간 중간에 자신이 한 말을 확인이라도 하듯 "그렇죠?", "이해가 되죠?" 등의 표현을 많이 사용한다. 이런 형태의 스피치는 순간적으로 대중의 감정을 자극하여 행동을 자아내는 대중 스피치에는 효과를 볼 수 있다.

(6) 구걸형 스피치

내용의 중요성보다는 듣는 사람의 마음에 동정심을 호소하여 효과를 보려는 애원조의 과장된 표현방법으로 아주 좋지 않은 스피치의 형태이다. 우리나라 선거유세에서 많이 사용되었던 대중연설의 한 방법이었으며 다소 쇼맨십이 섞인 구걸조의 스피치이다. 그러나 유권자들의 인식이 높아짐에 따라 이런 구걸조의 스피치는 효과를 기대할 수 없어 이런 형태의 스피치는 점점 사라지고 있는 추세이다.

(7) 대화형 스피치

가장 바람직한 스피치의 형태로서 몇몇 사람과의 일상생활에서의 대화는 물론이고 대중연설에서도 많이 사용하는 스피치의 형태이다. 대화형의 스피치는 자연스럽게 말을 하는 데 중점을 두고 누구나 알아듣기 쉬운 용어 그리고 구체적이고 재미있는 사례를 들어가며 유머스럽게 이야기를 하는 방법이다. 최근에는 개인과의 대화나 미팅에서 그리고 식사나 선거연설에서도 대화형의 스피치가 사용되고 있는 것이 현실이므로 스피치 훈련시에는 대화형의 스피치를 구사하는 것이 가장 좋다.

6) 스피치 훈련법

(1) 발성법

아-에-이-오-우

래-로-래-로(반복 연습)

얍 얍 얍 얍(전체적으로 얼굴 근육도 풀어주고 음성도 트임)

아-에-이-오-우-이-에

라-레-리-로-루-리-레

하-헤-히-호-후-히-헤

가 구 거 고 그 기 게 개 괴 귀

나 누 너 노 느 니 네 내 뇌 뉘

다 두 더 도 드 디 데 대 되 뒤

라 루 러 로 르 리 레 래 뢰 뤼

마 무 머 모 므 미 메 매 뫼 뮈

바 부 버 보 브 비 베 배 뵈 뷔

사 수 서 소 스 시 세 새 쇠 쉬

아 우 어 오 으 이 에 애 외 위

자 주 저 조 즈 지 제 재 죄 쥐

차 추 처 초 츠 치 체 채 최 취

카 쿠 커 코 크 키 케 캐 쾌 퀴

타 투 터 토 트 티 테 태 퇴 튀

파 푸 퍼 포 프 피 페 패 푀 퓌

하 후 허 호 흐 히 헤 해 회 휘

(2) 발음법

한영양장점 옆에 한양양장점, 한양양장점 옆에 한영양장점
작년에 온 솥 장수는 새 솥 장수이고 금년에 온 솥 장수는 헌 솥 장수이다.

저기 저 말뚝은 말 맬 수 있는 말뚝이냐 말 못 맬 말뚝이냐

강낭콩 옆 빈 콩깍지는 완두콩 깐 콩깍지이고, 완두콩 옆 빈 콩깍지는 강낭콩 깐 빈 콩깍지이다.

내가 그린 기린 그림은 못 그린 기린 그림이고 네가 그린 기린 그림은 잘 그린 기린 그림이다.

정 점포장 상장상점은 윗층 왼쪽 큰 상점이고 정 점포장 옷장상점은 뒤쪽 새 상점이다.

경찰청 철창살은 새 철창살인가 헌 철창살인가

상표 붙인 큰 깡통은 깐 깡통인가 안 깐 깡통인가

강원도 양양군 양양면 양양리 양양 양장점네 양양양

앞집 팥죽은 붉은팥 풋팥죽이고 뒷집 콩죽은 햇콩단콩 콩죽

우리집 깨죽은 검은깨 깨죽인데 사람들은 햇콩단콩 콩죽 깨죽 죽먹기를 싫어하더라

내가 그린 구름 그림은 새털구름 그린 구름 그림이고, 네가 그린 구름 그림은 깃털구름 그린 구름 그림이다.

칠월 칠일은 평창친구, 친정칠순 잔칫날, 대우로얄뉴로얄

한국관광공사 곽진광 관광과장

(3) 말의 속도

말의 속도는 상대방에게 커뮤니케이션을 전달할 때 명확하게 전달할 수 있는 방법으로 1분에 300자 정도가 좋다. TV 아나운서들의 말의 속도가 1분에 300자 정도를 발음하는 스피치이다.

05 효과적인 전화응대(Telephone Image)

우리들이 하는 일상 업무의 50%는 전화를 통해 이루어지고 있다고 해도 과언은 아니다. 1인 1전화기 시대가 되면서 전화는 의사소통의 수단이며 업무진행의 중요한 역할을 담당하고 있는 필수도구인 것이다.

1) 전화응대의 특성

화상전화를 제외한 전화응대는 얼굴 없는 만남으로 이루어지게 되고 음성으로 모든 것이 상대에게 전달되게 된다. 또한 상대에게 전화벨이 언제 울릴지 모르므로 항상 신속하고 정확한 전화응대를 위한 준비를 하고 있어야 한다. 그리고 전화응대의 5원칙으로는 신속, 정확, 간단, 정중, 미소가 있다.

2) 전화응대의 중요성

우리는 누구나 메시지를 통해 상대에게 좋은 인상을 남기고 싶어 한다. 그러나 잘못된 언어습관이나 목소리 때문에 하고 싶은 말을 효과적으로 전달하지 못하는 경우도 종종 있다. 전화응대에 있어서는 강하고 긍정적인 목소리의 이미지를 전달하는 것이 무엇보다 중요하다. 음성 커뮤니케이션에 있어 한 사람의 내면은 목소리에서 결정될 수 있다고 하는데 내적 표정이 맑고 밝으면 맑고 밝은 목소리를 지니고 긍정적 이미지와 느낌을 창조할 수 있으나, 내적 표정이 어둡고 탁하면 어두운 목소리를 갖게 된다고 한다. 따라서 자신감 있는 목소리로 상냥하게 전화응대를 하는 것이 가장 중요하다. 이때 목소리의 톤, 목소리의 크기, 목소리의 높낮이와 음질, 말하는 속도 등을 고려한다.

3) 전화를 다루는 기술

(1) 전화를 받을 때

① 전화를 받을 때는 전화벨이 울리고 2~3번 사이에 받도록 한다. 너무 빨리 받는 것은 할일 없이 전화기 앞에 앉은 듯한 인상을 주기 쉽다.

② 힘 있는 첫인사로 응답하는데 전화를 받을 때 힘 있는 첫인사는 전화를 건 사람의 마음을 편안하게 만든다. 첫인사는 인사+소속+이름의 순으로 한다.

③ 상대방이 반가운 마음으로 전화를 받고 있다는 사실을 느낄 수 있도록 미리 거울을 보며 연습을 해두었다가 진심으로 미소 지으며 반갑게 대화하도록 한다. 잘못 걸려온 전화도 정중히 대하도록 한다.

⑤ 메모지를 준비해 두고 전화가 걸려오면 왼손으로 받고 오른손으로 메모하는 습관을 갖도록 한다. 응답은 책임 있게 하도록 한다.

⑥ 전화를 받았을 경우에는 상대방과 용건을 정확히 확인하고 메모하는 습관을 길러야 한다. 받은 전화내용을 재확인하도록 한다.

⑦ 전화 통화 중에 잠깐 다른 사람과 상의할 일이 발생하면 상대방에게 들리지 않도록 한다. 걸려온 전화가 자기와 직접적인 관계가 없다고 하여 이리저리 돌리지 않는다.

⑧ 전화를 끊을 때는 반드시 끝맺음 인사를 하고 상대가 끊는 것을 확인하고 끊어야 한다. 수화기는 상대방보다 늦게 조용히 내려놓도록 한다.

(2) 전화를 걸 때

① 상대방의 전화번호, 이름, 소속, 용건을 미리 확인한다.
② TPO(시간 · 장소 · 목적)를 고려하여 전화를 걸어도 좋을지 생각한다.
③ 상대방이 수화기를 들면 인사를 하고 자신의 소속과 이름을 밝힌다.
④ 최대한 예의를 갖추어 상대를 존중하는 마음을 보이도록 한다.
⑤ 전화를 걸게 된 이유에 대해 간단하게 핵심 용건을 전달한다. 구상한 용건을 5W1H에 의해 간결, 명확하게 전달한다.
⑥ 전화를 끊을 때는 즐거운 분위기로 끝맺음 인사를 잘한다.

(3) 메시지 받기

① 메모지와 필기도구를 가까이 두고 상대방의 이름을 묻도록 하는데 혹 상대방의 이름이 이상하거나 발음이 어렵다는 반응을 보여서는 안 된다.
② 대화할 때 상대방의 이름을 부르는 것은 존경심과 함께 친근한 느낌을 주므로 이름을 정확히 묻고 상대방의 이름을 다시 한번 언급하며 정확한 철자와 함께 주의 깊게 듣도록 한다.
③ 정확하게 받아 적었는지 메시지를 재확인하고 전화받은 시간과 날짜도 함께 써놓는다. 메모를 남길 때 반드시 기억해야 할 것은 전화를 걸어온 사람의 이름, 연락처, 남긴 메시지 등 용건을 적는다.

(4) 듣는 기술

① 전화를 통한 의사소통을 효과적으로 하기 위해서는 남의 말을 잘 듣는 적극적인 경청이 필요하다. 잘 듣는 사람은 대부분 긍정적이고 흡입력이 강한 에너지가 흐르며 잘 들을 줄 아는 사람은 다른 사람의 말에 완전히 집중함으로써 상대방을 끌어들일 수 있다.
② 전화통화를 할 때는 언제나 상대방의 말에 집중하는 연습을 하도록 하고 언어능력을 훈련시키도록 한다.

(5) 전화를 통한 의사소통시 지켜야 할 사항

① 전화를 하면서 껌을 씹지 않는다.

② 통화 중에 음식물을 먹거나 물을 마시지 않는다.

③ 전화를 하면서 편지를 뜯거나 보고서를 읽거나 문서를 작성하지 않는다.

④ 회의 중에 휴대폰을 받지 않는다.

⑤ 통화하고 있는 사람을 방해하지 않는다.

(6) 남의 말을 잘 듣는 사람의 행동 패턴

① 상대방이 말한 내용을 정확히 이해하기 위해 항상 필요한 정보를 기록할 준비가 되어 있다.

② 상대방의 말을 잘 이해했는지 의심스러우면 다시 한번 질문을 한다.

③ 진심으로 정보를 받아들이길 원한다.

④ 듣는 동안 다른 곳에 정신을 팔지 않는다.

⑤ 귀는 메시지를 듣는 데, 눈은 보디랭귀지를 읽는 데, 마음은 이야기를 시각화하는 데, 직관은 상대방의 진의를 찾아내는 데 사용한다.

(7) 잘 들을 줄 모르는 사람의 행동 패턴

① "아니오", "네", "그럴 걸요"와 같은 짧은 대답을 불쑥 던진다.

② 상대방의 말에 아랑곳하지 않고 쉽게 산만해진다.

③ 상대의 말이 끝나기도 전 말하는 도중에 끼어들어 상대방을 불쾌하게 만든다.

④ 자신도 모르는 사이에 상대방이 꺼낸 화제를 바꾸어버린다.

(8) 기분 좋게 전화로 응대하는 마음가짐

① 말은 언제나 누구에게라도 정중히 한다.

② 수화기를 들면 곧 이름을 댄다.

③ 전화기 앞에서 좋은 표정과 바른 자세를 갖추도록 한다.
④ 상대방을 기다리게 할 때는 수화기를 놓는 것에 조심하고 불필요한 일은 하지 않는다.
⑤ 통화시 손님이 방문하면 우선 손님을 배려한다.
⑥ 상대방이 몇 번이고 같은 말을 되풀이하지 않게 한다.
⑦ 음성의 크기나 목소리 톤의 높이는 적절히 한다.
⑧ 통화시에는 상대의 말에 집중하는 습관을 들인다.

4) 전화응대시 기본화법

① 전화를 받았을 때는 인사-소속-이름의 순으로 "안녕하십니까 ○○회사 ○○○입니다"라고 또박또박 말한다.
② 전화를 늦게 받았을 때는 "늦게 받아 죄송합니다. ○○회사 ○○○입니다"라고 말한다.
③ 찾는 사람이 부재중일 때는 "죄송합니다만 지금은 잠시 외출중이십니다. 메모를 남겨드릴까요?"라고 말한다.
④ 다른 사람에게 전화연결을 할 때는 "잠시만 기다려 주시겠습니까? ○○씨 연결해 드리겠습니다"라고 말한다.
⑤ 잘못 걸려왔을 때는 "죄송합니다만 전화를 잘못 거신 것 같습니다. 다시 한번 확인해 주시겠습니까?" 혹은 "죄송합니다만 전화번호 확인을 부탁드립니다"라고 말한다.
⑥ 잘 들리지 않을 때는 "죄송합니다만 다시 한번 크게 말씀해 주시겠습니까?" 혹은 "죄송합니다만 전화상태가 고르지 않은 것 같습니다. 다시 한번 걸어주시겠습니까?"라고 말한다.
⑦ 기다리게 할 때는 "죄송합니다만 잠시만 기다려 주시겠습니까?"라고 한다.
⑧ 마무리 인사는 "네, 고맙습니다" 혹은 "네, 즐거운 하루 되십시오"로 끝

맺음 인사를 한다.

5) 휴대폰 에티켓

휴대전화의 사용이 일반화되었지만 때로는 때와 장소를 가리지 않고 울려대는 휴대폰 신호음은 신종 스트레스이자 문화 후진국임을 입증하는 요소가 되기도 한다. 공공장소에서는 목소리를 크지 않게 내용은 간결하게 하고 진동이나 무음으로 설정해 놓도록 한다. 건전한 이동통신 문화의 정착을 위해 국민들 모두 다음의 사항을 실천해야 할 것이다.

① 휴대폰은 꼭 필요할 때에만 사용하도록 한다.
② 벨소리는 최대한 낮추고 여러 번 울리기 전에 받는다.
③ 통화는 고운 말로 가급적 조용한 곳에서 한다.
④ 대중교통을 이용할 때는 가급적 통화를 삼가고 필요할 때에는 조용하게 이용한다.
⑤ 병원, 공연장, 기내, 학교 등에서는 휴대폰을 꺼놓도록 한다.
⑥ 휴대폰 주인이 부재중일 때는 전화를 받지 않는 것이 좋다.
⑦ 전화를 걸때 상대방이 통화가 가능한지 반드시 확인한 후 통화한다.
⑧ 휴대폰 카메라로 모르는 사람을 찍을 경우에는 미리 양해를 구하도록 한다.

현대는 글로벌 시대이다.

국경이 무너지고 지구가 하나로 되는 시대에서 일어나는 것이

문화적 충돌이고 상대국의 문화를 이해하지 못하면

세계화 시대에 적응하지 못한다.

매너는 에티켓을 일상생활에 올바르게 적응하는 방식이며

상대방에 대한 존중과 배려의 마음이

몸에서 자연스럽게 체화되어 나오는 것으로

인간관계를 부드럽게 하고

우리의 삶과 세상을 변화시킨다.

6. 글로벌 매너

Global Manner

01 매너와 에티켓

사람들은 흔히 매너와 에티켓이란 용어를 혼동한다. 매너(Manner)의 어원인 라틴어 '마누아리우스(Manuarius)'는 '마누스(Manus)'와 '아리우스(Arius)'의 합성어이다. '손(Hand)'을 뜻하는 마누스는 '우리의 행동이나 습관'이라는 의미로 발전하게 되었으며, 아리우스는 '방법' 또는 '방식'을 의미하게 되었다. 따라서 매너란 인간의 '행동방식'을 의미한다.

반면, 본래 프랑스어인 에티켓(Etiquette)은 '예의범절'이라는 뜻 이외에 '명찰'이나 '꼬리표'라는 의미도 지니고 있다. 에티켓이 출입증인 티켓(Ticket)에서 유래한 것이기 때문이다. 태양왕 루이 14세의 베르사유 궁전에서 귀족들은 이 에티켓을 통해서 부르주아자와의 신분상 차별화를 시도하였고, 이렇게 극도로 발전된 귀족의 에티켓은 전 유럽의 귀족사회로 유행처럼 번져나갔다. 한마디로 에티켓은 귀족신분을 나타내는 일종의 꼬리표였던 셈이다.

따라서 오늘날도 에티켓은 반드시 지켜야만 되는 규범으로서 이것을 모르면 상류층으로 대접받을 수 없는 불문율을 의미하는 반면, 매너란 얼마나 세련되고 품위 있는 방식으로 행동하는가를 중시

한다. 예를 들면, 우리가 다른 사람의 방에 들어가려 할 때 노크를 해야 하는 것은 선택의 여지가 없는 하나 규범이므로 에티켓이라 할 수 있다. 그러나 문을 두드릴 때 점잖게 세 번을 두드리느냐 아니면 쾅쾅 소리를 내며 두드리는가 하는 문제는 매너의 차원인 것이다. 따라서 아무리 에티켓에 부합하는 행동이라 해도 매너가 좋지 않다면 품위 있는 인간으로 대접받기는 어려울 것이다.

02 상황별 에티켓과 매너

1) 소개 매너

우리는 살아가면서 많은 만남을 갖게 된다. 그리고 이런 만남에 있어 다양한 사람들을 소개하고 소개받을 때 지켜야 할 에티켓이 있다. 서양인이라 해도 미국인들은 소개를 가볍게 취급하며 영국인들은 지나칠 정도로 신중하게 생각한다. 프랑스인을 포함한 유럽인들은 소개를 주최자가 해야 할 가장 중요한 의무로 생각한다. 이들은 초청자의 이름, 직업, 지위 등을 사전에 알아두기도 하며 주최자가 없는 경우는 기다리지 않고 손님끼리 인사를 나눈다.

(1) 자기 자신을 소개할 때

① 자신의 지위를 밝히지 않고 이름과 성을 알려주는 것이 상례이다.
② 자신의 이름 앞에 미스터(Mr), 미세스(Mrs), 미스(Miss) 같은 존칭을 붙이지 않는다.
③ 자신을 소개하는 일은 스스로를 자랑하는 것인데도 쑥스러운 일로 생각하는데, 이제부터 당당하게 자기 자신을 소개하는 매너를 키운다.
④ 적절한 자신의 소개는 연습을 통해 가능하므로 큰소리로 연습해 본다.

(2) 타인을 소개할 때

① 여러 명이 있는 경우 우선 소개를 맡은 사람은 소개하기에 앞서 마음속

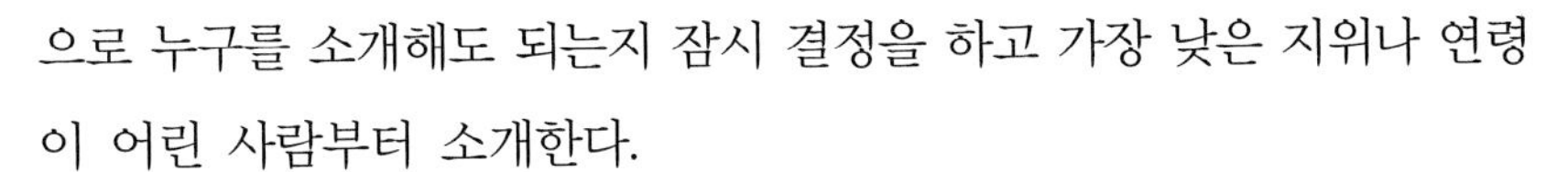

으로 누구를 소개해도 되는지 잠시 결정을 하고 가장 낮은 지위나 연령이 어린 사람부터 소개한다.

② 먼저 한 사람을 여러 사람에게 소개하고 난 뒤 여러 사람을 한 사람에게 소개한다.

③ 같은 날 입사한 신입사원을 소개하는 경우 생년월일을 기준으로 해서 연장자부터 소개한다.

2) 각종 파티에서의 소개법

(1) 만찬이나 오찬

① 주인에게는 모든 손님을 소개한다.

② 안주인은 손님과 인사를 주고받은 후 주빈이나 지위가 높은 사람에게 소개한다.

③ 지위가 높은 사람이 다른 곳에 있을 경우 안주인은 손님을 동반하고 그곳까지 가서 소개한다.

④ 손님이 많을 때는 전부 소개할 필요가 없으며 단, 외국인은 가능하면 참석자 전원에게 소개한다.

(2) 리셉션

① 주인에게는 모든 손님을 초대한다.

② 안주인은 처음 온 손님에게 먼저 도착한 손님들을 소개시켜 준다.

③ 손님이 무리를 이끌고 있을 때 처음 온 손님을 그곳으로 데려가 소개한다.

3) 나라별 소개에 얽힌 관습

(1) 영국식

영국에서는 파티나 모임의 주최자가 참석자를 반드시 소개해야 한다. 반면, 프랑스 등 유럽에서는 주최자에 의한 소개 없이도 평소 안면이 있는 사람 또는 이전에 정식으로 소개받은 사람을 통해서 소개받기도 한다.

(2) 대륙식

① 유럽, 남미에서는 소개에 매우 높은 비중을 둔다. 자기 스스로 하는 소개를 대단히 나쁜 방식으로 여기므로 주최자나 다른 사람을 통해 소개받는다. 소개를 부탁하는 대상은 주최자나 정식으로 소개받은 사람 누구라도 상관없고 남성은 필히 참석한 모든 여성, 연장자 및 손윗사람에게 소개를 해야 한다.

② 여성의 경우에도 나이가 어린 사람은 연장자 전원에게 소개하도록 되어 있다. 대륙식의 소개 관습 중 가장 잘 행해지고 있는 것은 여성이 자기보다 연장자인 여성을 혹은 남편보다 지위가 높은 사람의 부인을 소개받았을 때는 적어도 일주일 이내에 상대방에게 명함을 보내는 것이다. 이때 그 부인의 남편과 안면이 없더라도 남편 앞으로 자기 남편의 명함을 함께 보내야 한다.

③ 모임에 처음 참석한 사람은 소개받은 사람들에게 2~3일 내 명함을 보낸다. 수신측이 회신용 명함 위에 '시간과 집주소(Home Adress)'를 적어 보내면 방문을 기다리는 뜻으로, 아무것도 적혀 있지 않다면 계속적인 교제 의사가 없다는 뜻으로 해석한다.

4) 소개의 5단계

① 일어선다 → 상대방의 눈을 바라본다 → 악수나 인사를 한다 → 인사를 하면서 상대방의 이름을 반복한다 → 대화가 끝난 후에는 마무리 인사를 한다.

② 동성끼리 소개받을 때는 서로 일어난다.

③ 남성이 여성을 소개받을 때는 반드시 일어난다.

④ 여성이 남성을 소개받을 때는 반드시 일어나지 않아도 된다. 단, 나이가 많은 연장자일 경우는 일어나는 것이 좋다.

⑤ 연장자, 성직자, 상급자를 소개받을 때는 남녀에 관계없이 일어나야 한다.

⑥ 서면에 의한 소개는 신중을 기해야 하며 소개장을 받았을 경우에는 즉시 회답을 보내고 빠른 시일 안에 초대하여 차나 오찬을 대접하는 것이 예의이다.

먼저 소개할 사람	다음에 소개할 사람
아랫사람(가족)	윗사람
남 성	여 성
미혼자	기혼자
연소자	연장자

03 악수 매너

1) 악수의 유래

로마인들에게 손은 신뢰의 상징이었으며 악수하는 행위는 상대방을 신뢰하는 표시였다. 선서를 할 때 손을 들고 하는 것도 같은 맥락에서 시작되었다. 중세 시대까지만 해도 악수는 무기가 없으며 따라서 적의가 없음을 확인시켜 주는 수단으로 사용하였다. 유럽에서 악수를 가장 좋아하는 사람들은 프랑스인, 이탈리아인, 스페인인 등 라틴계 사람들이다. 영국과 독일인은 회합이나 파티를 열 때에만 악수를 하는 경향이 있다.

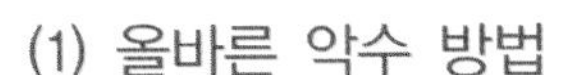

① 악수를 할 때는 반드시 오른손을 사용한다. 왼손은 결투 신청의 의미였다.

② 손에 짐이 있을 때는 미리 왼손으로 옮기거나 내려놓는다.

③ 손에 땀이 많이 나는 경우에는 수건으로 가볍게 닦은 후 악수한다. 상대방에게 불쾌감을 줄 수 있기 때문이다.

④ 여성과 악수할 때는 여성의 손바닥을 긁지 않으며 너무 꽉 쥐어 고통을 느끼도록 하지 않는다.

⑤ 시선은 반드시 상대방의 눈을 주시한다. 눈 색깔은 구별할 수 있을 정도로 똑바로 쳐다보며 0.5초 더 보고 덜 보는 것이 호감을 사는 데 큰 차이가 있다.

⑥ 손은 가볍게 흔들되 어깨보다 높이 올리지 않는다.

⑦ 악수는 반드시 윗사람이 먼저 청할 수 있으며 윗사람과 악수할 때는 윗사람이 흔드는 데로 맡겨둔다.

⑧ 여성과는 되도록 흔들지 않는다.

⑨ 비즈니스는 2번, 정치인은 5번, 친구와는 7번 이상 흔들어도 무방하다.

(2) 악수의 단계

① 오른손으로→가슴 높이에서→부드럽게 손을 잡고→상대의 눈을 바라보며→3번 정도 흔든다.

② 적당히 손에 힘을 주어 가볍게 흔든다. 이때 손을 너무 꽉 쥐면 상대방이 부담스러울 수 있으며 너무 느슨하게 쥐면 소심하거나 자신 없어 보일 수 있다.

(3) 악수를 청할 때

① 악수는 손을 잡는 강도, 흔드는 횟수, 눈의 마주침, 음성 등 4가지 요소

가 조화를 이뤄야 한다.

② 남성이 일어서고 여성은 남성이 윗사람이 아닐 경우 앉아서 해도 상관 없다.

③ 장갑을 낄 경우 남성은 오른손의 장갑을 벗고 악수하며 여성은 방한용이 아니라면 낀 채로 해도 된다.

먼저 악수를 청하는 사람	먼저 악수를 청하지 않고 기다리는 사람
여 성	남 성
지위가 높은 사람	지위가 낮은 사람
선 배	후 배
연장자	연소자
기혼자	미혼자

04 명함 매너

1) 명 함

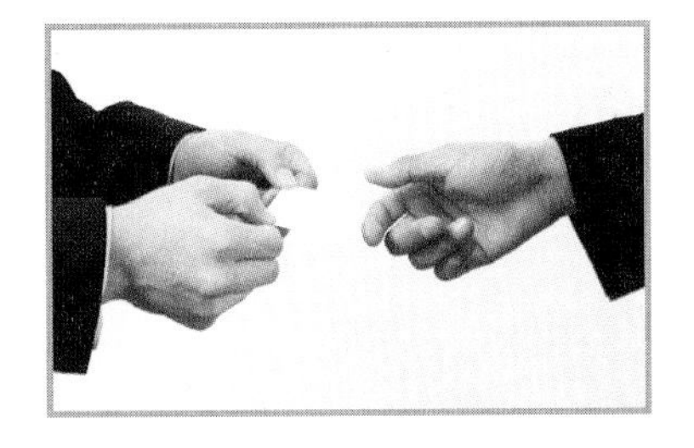

명함은 첫 대면인 상대에게 소속과 성명을 알리고 증명의 역할을 하는 자신의 소개서이자 분신이다. 따라서 직장인은 항상 명함을 소지하고 있어야 하며 올바르게 사용할 줄 알아야 한다. 명함을 사용하는 목적은 자기의 신분을 정확하게 상대방에게 알리는 데 있다.

(1) 명함 주는 방법

① 손아랫사람이 먼저 윗사람에게 건네는 것이 예의이다. 소개의 경우는 소개받은 사람이 먼저 건넨다. 방문한 경우에도 상대방보다 먼저 방문자가 명함을 건넨다.

② 일어서서 오른손으로 준다. 왼손은 오른손을 받친다. 명함은 선 자세로 교환하는 것이 예의이다.

③ 상대방의 위치에서 자기의 성명이 바르게 보이도록 건넨다.

④ 일본, 중국, 싱가포르에서는 양손으로 명함을 전달한다.

⑤ 식사 중에는 명함을 전달하지 않으며 식사가 끝날 때까지 기다리도록 한다.

⑥ 저녁 파티에서 상대방이 먼저 명함을 요청하지 않으면 꺼내지 않는다.

(2) 명함 받는 방법

① 명함을 건넬 때와 마찬가지로 받을 때도 일어선 채로 두 손으로 받는다. 이때 "반갑습니다"라고 인사 한마디 건네는 것이 좋다.
② 받은 명함은 곧바로 주머니 속에 넣지 말고 그 자리에서 읽어보는 것이 예의이다. 이것은 이름을 기억하기에도 필요하며 상대에 대한 존중의 표현이다.
③ 명함의 내용 중 궁금한 것은 그 자리에서 물어본다. 발음하기 어려운 이름일 경우는 확실히 알고 넘어가며 모르는 한자일 경우도 물어본다.
④ 상대방의 명함을 손에 쥔 채 만지작거리거나 탁자를 치는 등의 산만한 행동을 보여서는 안 된다. 또는 상대방이 보는 앞에서 명함에 만난 날짜를 적는다든지 하는 행동도 보기에 좋지 않다.
⑤ 명함을 동시에 주고받을 때는 오른손으로 주고 왼손바닥으로 받아 오른손 바닥으로 받쳐 들고 인사하며 상대방이 먼저 명함을 꺼냈으면 일단 명함을 받은 후 명함지갑에 넣고 나의 명함을 꺼내 오른손으로 건네준다.
⑥ 원칙적으로 명함은 명함지갑을 사용한다.

(3) 명함의 종류

명함의 종류에는 업무용 명함(Business Card)과 사교용 명함(Visiting Card)이 있다. 사교용 명함은 파티의 날짜와 시간을 적어 파티 양식의 초대장 대신 사용하기도 한다.

05 방문 매너

1) 방문 매너

방문이란 상대방의 하루 생활리듬이나 계획을 수정해야 되는 일이므로 그냥 불쑥 찾아가는 것은 큰 실례가 될 수 있다. 전화나 우편 등을 이용해 미리 약속하고 정확한 방문시간을 정해 방문하도록 한다. 일반적으로 방문에 적합한 시간은 대개 오후 3시 이후부터 저녁 시간대이다. 동서양을 막론하고 아무리 가까운 사이라도 오전에 가정집을 방문하는 것은 좋지 않다.

(1) 방문시 옷차림

① 가정집을 방문할 때 화려한 옷이나 노출이 심한 옷은 되도록 피한다.
② 지나치게 캐주얼한 의상도 예의에 어긋날 수 있다.
③ 장갑을 끼었을 때는 현관 앞에서 벗어든다.

(2) 부재중일 때

① 명함을 내어 놓으며 자신의 성함부터 밝히고 다시 연락을 취하겠다고 한 후 물러난다.
② 부재중일 때 다른 사람이 방으로 들어오라고 하여 불쑥 들어가지 말고 사양하는 것이 예의이다.

(3) 현관 에티켓

① 주인이 먼저 손을 내밀어 악수를 청하기 전에 손을 내밀지 않는다.
② 코트를 입고 갔을 경우 주인의 "들어오라"는 말을 들은 후에 벗는다.

(4) 응접실 에티켓

① 방문한 집에서는 화장을 고치지 않는 것이 좋다. 꼭 필요할 때는 화장실을 이용한다.
② 안내자보다 먼저 집안으로 들어가지 않고 뒤따른다.
③ 집안을 두리번거리지 않는다.
④ 휴대품은 무릎에 두지 말고 옆에 둔다.
⑤ 일인용 의자는 상석이므로 2인용이나 3인용 긴 의자에 앉는다.
⑥ 다리를 꼬거나 걸터앉지 말고 허리를 깊숙이 앉되 손은 무릎 위에 올려놓고 정숙히 앉는다.
⑦ 이야기 도중 되도록 화장실을 가지 않는다.

(5) 위문의 에티켓

① 병문안은 미리 상태가 어느 정도인지 병명 정도를 알아둔다.
② 환자에게 맞는 위문품을 선택한다(책 · 잡지 · 과일 · 꽃 등).
③ 재난을 당했을 경우는 현금을 보태는 것이 현명하다.
④ 병문안은 빠를수록 좋고 문병시간은 짧게 하되 너무 빨리 끝내는 것도 의무적으로 보일 수 있으므로 20~30분 정도가 무난하다.

(6) 외국인 접대 방문시 에티켓

① 초대장은 10일 전쯤 발송하고 늦어도 일주일 전에는 도착하도록 한다.
② 초대장의 날짜는 미국인인 경우 철자(Spell)로 쓰고 영국인, 프랑스인이라면 아라비아 숫자로 쓴다.

③ 초대 당일의 복장을 지정한다. 그리고 초대장 왼쪽 안쪽에는 "부디 답장을 주십시오"라는 R.S.V.P(Respondez, s'il vous plait = Reply, if you please)라고 쓴다.

④ 초대장의 이름에는 주소를 덧붙이지 않고 봉투에는 이름과 주소를 함께 쓴다. 봉투 역시 초대장과 마찬가지로 백색이 표준이다.

06 선물 매너

1) 선물의 의미

비즈니스든 사교의 목적이든 선물은 인간관계 형성을 위한 촉매제이다. 선물은 가격이나 고급의 여하를 떠나 그 속에 담긴 마음을 귀하게 여겨야 한다.

(1) 선물 선택 요령

① 상대방과 자신의 관계를 생각한다.
② 상대방의 교양, 취미 등을 생각해 두면 선택에 도움이 된다.
③ 되도록 상대방의 집 근처에서 산 물건은 피한다. 호기심을 갖도록 하는 것이 더 바람직하다.
④ 비즈니스 때에는 첫 미팅에 선물을 전달하고, 파티에서는 시작 전에 내놓는 것이 분위기를 좋게 한다.
⑤ 외국인에겐 한국의 전통적인 선물이 가장 좋다.
⑥ 자신의 경제력을 무시한 선물은 상대에게 부담을 줄 수 있다.

(2) 선물 받는 매너

① 선물을 받고 구석에 밀쳐놓는 것은 예의가 아니다.
② 고맙다는 인사말과 함께 선물을 풀어본다.

③ 우편이나 간접적으로 전달되었다면 일주일 내에 감사의 뜻을 전달한다.

(3) 바람직한 선물 매너

① 상대방의 기호나 취향을 잘 모를 경우에는 넥타이와 향수는 바람직하지 않다.
② 빨간 장미꽃을 여성에게 선물하면 프로포즈가 될 수 있다는 사실을 알아두어야 한다.
③ 환자에게 강한 향기가 나는 꽃은 피한다.
④ 와인, 책(소설 · 시집), 클래식 음반, 초콜릿, 꽃 등이 가장 일반적으로 무난하다.

(4) 각 나라별 금기사항

① 일본인에게는 검은색이나 흰색 포장은 부적당하다.
② 브라질은 검은색, 자주색 포장지는 삼간다.
③ 인도는 흰색, 검은색으로 포장한 선물은 불운을 가져다준다고 생각한다. 반면 초록색, 빨간색, 노란색은 행운의 색으로 여긴다. 또한 소가죽으로 한 선물은 절대 하지 않는다.
④ 중국인은 빨강색 포장지가 적당하다. 흰색은 애도의 색이다.
⑤ 페루인들은 노란색 꽃을 부정적으로 여긴다.

07 제스처 매너

1) 얼굴 표정과 손동작

(1) 얼굴을 사용하는 제스처

① 눈 깜박이기 : 대만에서는 다른 사람을 향해 눈을 깜박이는 것을 무례한 것으로 간주한다.

② 윙크하기 : 호주에서는 우정을 표시하기 위해 윙크하더라도 여성을 향해 하는 것은 적절치 못하다.

③ 눈썹 올리기 : 페루에서는 "돈"이나 "내게 지불하라"는 뜻을 갖는다.

④ 귀 잡기 : 인도에서는 후회한다거나 성실성을 나타낸다. 브라질에서도 비슷한 제스처(엄지와 검지로 귀를 잡는 모양)는 내용을 이해하고 있음을 표시한다.

⑤ 코 때리기 : 영국에서는 비밀이나 은밀함을 나타내며 이탈리아에서는 다정한 충고를 나타낸다.

⑥ 엄지로 코 밀기 : 유럽에서 가장 많이 알려진 제스처 중의 하나로 조롱을 의미한다.

⑦ 코에 원 그리기 : 콜롬비아에서는 동성연애자를 뜻한다.

⑧ 뺨에 손가락 누르기 : 이탈리아에서는 칭찬을 나타내는 제스처이다.

⑨ 턱 두드리기 : 이탈리아에서 별 재미가 없거나 꺼져버리라는 의미로 턱을 두드린다.

(2) 손을 사용하는 제스처

① 오라고 부를 때 서구인들은 손바닥을 위로 향해 손짓한다.

② 중동과 극동지역은 손바닥을 아래로 향해 손짓한다.

(3) 링 사인

① 한국에서는 돈으로 해석한다.

② 미국에서나 서유럽에서는 OK 사인으로 해석한다.

③ 브라질 등 남미에서는 음탕하고 외설적인 사인으로 간주한다.

(4) V자 사인

① 대부분 유럽 국가에서는 손바닥을 바깥쪽으로 향하게 한다.

② 그리스인들은 영국이나 프랑스인들과 정반대로 손등을 보이면서 한다.

③ 반대의 제스처는 서로에게 지독한 욕이다.

(5) 중지를 내미는 제스처

① 서양에서는 외설적이고 부정적인 의미로 받아들인다.

② 로마인들은 중지를 "염치없는 손가락"으로 불렀다고 한다.

08 공공장소에서의 매너

공공장소는 타인과의 접촉이 빈번한 곳이므로 그만큼 상대의 마음을 상하게 하거나 피해를 줄 가능성이 큰 곳이다. 물론 공공장소는 다른 사람의 인격을 존중하고 대접해준다면 서로가 유쾌한 기분을 지니고 생활할 수 있는 곳이기도 하다. 그러므로 공공장소에서의 매너는 모르는 사람과 만나 쾌적한 공동생활을 위해서 꼭 지켜야 하는 중요한 습관이다. 또한 공공장소에서 바르게 행동하고 조화를 이루는 자세는 인격 자체를 나타내며 글로벌 매너를 갖춘 진정한 모습이다.

1) 교통편의 좌석배치 예절

(1) 승용차의 경우

기사가 있을 때와 자가운전인 경우로 나눈다.

① 기사가 있을 때는 먼저 기사의 대각선 뒷좌석이 최상석이 된다. 그 다음은 기사의 바로 뒷좌석이고, 그 다음은 뒷좌석의 가운데 자리이고, 맨 마지막으로는 기사의 옆좌석이 말석이 된다. 기사의 옆좌석이 말석이 되는 이유는 다른 사람이 다 탈 때까지 기다렸다가 마지막으로 문을 닫고 또한 내릴 때는 제일 먼저 내려 문을 열어주어야 하기 때문이다. 그러나 경우에 따라서 뒷좌석의 가운데 자리와 말석인 기사의 옆좌석

은 서로 바뀔 수도 있다.

② 자가운전인 경우는 운전석 옆자리가 상석이 되며 다음으로 뒷좌석의 맨 오른쪽, 맨 왼쪽, 가운데 좌석의 순이다. 뒷좌석의 가운데는 되도록 여성을 태우지 않도록 하며 운전자의 부인과 동승한 경우는 운전석 옆자리는 부인의 좌석이 된다. 승차시에는 여성이나 윗사람이 먼저 타고 하차시에는 남성이 먼저 내려 차문을 열어준다. 여성이 승차할 때는 머리부터 들어가지 않고 엉덩이를 좌석 시트에 먼저 댄 다음 가지런히 양다리를 붙여 승차한다. 내릴 때도 역순으로 다리부터 우아하게 내려놓고 내리도록 한다.

(2) 비행기의 경우

비행기 창가의 자리가 최상석이며 3인용 좌석은 통로 쪽이 두 번째이고 가운데 좌석이 말석이 된다. 단체로 탑승할 때는 인솔 책임자가 맨 나중에 타고 제일 먼저 내리도록 한다. 다음은 기내에서 지켜야 할 기본적인 사항이다.

① 기내에서 자신의 좌석을 찾기 어려우면 승무원에게 물어본다.

② 장거리를 여행할 경우 바닥에 드러누워서는 안 된다.

③ 비행기나 선박에서는 흔히 누구의 소개가 없이도 자연스럽게 서로를 소개하고 대화를 나누어도 무방하다.

④ 기내에서는 간편한 옷차림을 하도록 하고 슬리퍼를 신어도 무방하나 속옷만 걸친다거나 양말을 벗는 것은 지나친 행위이다. 만일 발이 피로하면 신발을 잠깐 벗어두는 것은 괜찮으나 맨발로 기내를 돌아다니거나 해서는 안 된다.

⑤ 자신의 등 뒤에 뒷사람의 간이용 테이블이 있다는 사실을 잊지 말고 기

내식을 먹기 전에 좌석 등받이를 세워주어야 하며 의자를 갑자기 뒤로 젖히지 않도록 한다.

⑥ 승무원을 부르려면 승무원 콜 버튼을 누르고 손을 흔들거나 큰소리로 부르거나 몸을 잡아당기거나 찔러서는 안 된다.

⑦ 화장실을 사용할 때는 깨끗하게 사용하고 세면대의 물기는 핸드 타월로 닦아놓아 뒷사람을 배려하도록 한다.

(3) 열차의 경우

마주보고 가는 경우에는 진행방향의 창 쪽이 최상석이 되고 그 맞은편이 두 번째 상석이 된다. 열차에서는 전망이 좋은 창가의 좌석이 상석이고 사람들이 다니는 통로 쪽이 말석이다. 2층 침대칸인 경우에는 아래층이 상석이 된다.

① 출입구나 통로에 기대어 큰소리로 웃고 떠들지 않는다.

② 음식을 먹고 난 후 휴지나 과일 껍질을 바닥에 버리지 않는다.

③ 모르는 옆 사람과도 인사를 나누며 무거운 짐은 도와주도록 한다.

④ 침대차에서는 다른 사람의 수면에 방해가 되지 않게 하는 것이 중요하다.

⑤ 창문을 열고 싶을 때는 다른 사람에게 폐가 되지 않을 정도만 연다.

(4) 버스 및 지하철

버스 및 지하철에는 지정석이 없다. 노약자나 여성에게 자리를 양보하는 것은 에티켓의 기본이 된다.

① 차내에서 크게 떠드는 것은 다른 승객에게 피해가 되는 행위이다.
② 남녀가 함께 이용한다면 남성은 여성이 먼저 타게 하고 난 뒤 승차한다.
③ 승차 후에 자리가 나면 여성에게 양보한다.
④ 다른 승객이 자리를 내어주면 목례 정도로 인사를 한다.
⑤ 큰소리로 웃는 것도 타인에게 피해를 주므로 조용히 대화하고 휴대폰은 가능한 진동으로 하여 가급적 통화는 피하도록 한다.
⑥ 앞좌석 의자 뒤에 다리를 올려놓아서는 안 된다.
⑦ 혼잡한 공간에서 발을 밟히거나 밀치게 되면 서로가 이해하도록 한다.

2) 건물 출입

(1) 출입문

건물 출입을 할 때 출입문의 문을 열고 닫을 때 뒷사람을 배려해 잠시 문을 잡아주도록 한다. 남성이 먼저 문을 열어 여성이 통과하도록 한 다음 문을 닫고 따라 들어오도록 하며 회전문인 경우에는 남성이 먼저 밀면서 나가 여성이 나오는 것을 도와주도록 한다.

(2) 엘리베이터

탈 때는 손님보다 나중에 타고 내릴 때는 손님보다 먼저 내림으로써 낯선 곳에 온 손님에게 방향을 안내해야 한다. 하지만 이미 방향을 잘 알고 있는 윗사람이나 여성과 함께 엘리베이터를 이용할 경우는 다음과 같다.

① 윗사람이나 또는 여성이 먼저 타고 내려야 한다.

② 승무원이 없는 경우는 아랫사람이나 남성이 먼저 타서 작동시킨다.
③ 엘리베이터 안에도 상석이 있다. 들어서서 왼편 안쪽, 즉 버튼이 있는 반대편이 상석이 된다.
④ 엘리베이터에서는 절대 금연하며 시설물을 파괴하거나 낙서를 해서는 안 된다.
⑤ 문이 닫히려는 순간 누군가 뛰어오면 잠시 기다렸다 함께 가는 것이 예의이다.
⑥ 닫힘 버튼은 사용하지 말고 기다리도록 한다.
⑦ 엘리베이터 안에서 몸을 기대거나 구르는 것은 안전에 문제가 있다.
⑧ 밤늦은 시간에 여성 혼자서 탑승하는 것은 가급적 피하는 것이 좋으며 타기 전에 바닥을 한번 확인하는 것이 좋다.

(3) 에스컬레이터

① 남성은 여성 뒤에서 올라가고 내려갈 때는 여성이 먼저 내려간다. 만약의 경우 여성이 넘어지면 남성이 받쳐주기 위해서이다.
② 남성이 안내를 할 경우에는 앞서가도록 한다.
③ 무빙벨트는 에스컬레이터와 달리 서서 이용하기보다는 걸어가면서 이용하는 것이 통행에 영향을 미치지 않으며 뒷사람에 대한 예의이다.

(4) 계 단

① 계단에서는 가능한 다른 사람을 추월하지 않도록 한다.
② 계단을 오를 때는 남성이 여성보다 먼저 올라가며 반대로 내려갈 때는 여성이 먼저 내려간다. 혹 계단이 미끄럽거나 지나치게 협소한 경우에

는 남성이 밑에서 여성의 손을 잡아주어 보호하도록 한다.

(5) 로비 및 복도

① 보행시에 좌측통행을 하고 상사나 외부인을 추월하지 않는다. 상급자를 에스코트할 때는 상급자를 중앙에 서도록 하고 안내할 때는 약간 앞서가면서 상황에 따라 손으로 지적하며 설명한다.
② 동료들과 긴 이야기나 큰소리로 말하지 않는다.
③ 동료를 만나면 작게 말하고 미소와 함께 목례를 한다.
④ 좁은 공간에서 마주치면 한쪽으로 비켜서 지나가게 배려한다.
⑤ 외부 손님을 만나면 찾는 곳을 친절하게 안내한다.

(6) 화장실

① 여성용인지 남성용인지 확인하고 사용하도록 한다.
② 밖에서 줄서기를 하여 질서 있게 기다린다.
③ 급하다고 끼어들지 않고 앞사람에게 양해를 구한다.
④ 문을 잠그고 용무를 본 후 더럽혀지지 않게 깨끗이 사용한다.
⑤ 바닥에 침을 뱉거나 휴지를 버리지 않는다.
⑥ 물과 화장지는 아껴 쓰고 세면기는 깨끗하게 닦는다.

(7) 보 도

① 상급자나 여성과 함께 걸을 때는 남성이 항상 차도 쪽에 서야 한다.
② 보도에서 고개를 숙이거나 한눈을 팔지 않는다.
③ 마주보는 사람과 정면으로 충돌하지 않도록 앞을 보며 걷는다.
④ 길가를 가면서 담배를 피우거나 껌을 씹어서는 안 된다.
⑤ 길거리에서 큰소리로 멀리 떨어져 있는 친구의 이름을 부르거나 떠들지 않는다.

⑥ 돌부리에 걸리거나 빙판길에 넘어진 사람을 보고 웃거나 놀려서는 안 되고 가능한 도움을 준다.
⑦ 혼잡한 거리에 오랫동안 서서 이야기하는 것을 삼간다.
⑧ 남성의 경우 길거리에서 셔츠의 위 단추를 풀어헤치거나 넥타이를 다시 풀었다 매는 행위는 삼간다.
⑨ 여성의 경우 화장을 고친다거나 머리 모양을 바꾸는 등의 행동을 하지 않는다.

3) 직장생활 에티켓

직장생활은 분위기는 서로 다르지만 성실함과 근면함을 보여주어야 하는 장소이다. 직장 내에서의 매너는 자신에게 기대되는 것을 스스로 파악하기 위해 출근할 때, 자리를 이탈할 때, 퇴근할 때까지 지켜야 할 품위가 예의가 있다.

(1) 출근할 경우

① 출근할 때는 언제나 깨끗하고 단정한 옷차림이어야 한다.
② 대인관계가 많은 사람은 정장에 넥타이를 매는 것이 좋다.
③ 출근시간은 최소한 근무시작 10분 전까지 출근하는 습관을 갖는다.
④ 출근할 때 자주 지각을 하는 사람은 상사나 동료들로부터 인정받기 어렵다.
⑤ 근무 중에는 사생활과 구분하여 공적으로 일하도록 한다.

(2) 자리를 이탈하는 경우

① 근무시간에는 가능한 자리를 이탈하지 않도록 한다.
② 잠시 비우는 경우는 동료 직원에게 행선지나 용건, 돌아올 시간 등을 미리 일러두는 것이 좋다.

③ 외출할 때에는 상사의 허락을 받고 사무실에 들어오는 대로 결과를 보고하도록 한다.
④ 출장 등으로 사무실을 비울 경우 책상 위에 사유를 적은 표시판을 놓아둔다.

(3) 퇴근할 경우

① 퇴근은 하루 일과가 끝나기 전부터 미리 서두르지 않는다.
② 오늘 처리한 업무와 내일 해야 할 일을 함께 점검한다.
③ 책상을 깨끗하게 치우고 전기기구의 전원을 반드시 확인한다.
④ 상사나 동료에게 퇴근인사를 정중하게 하고 퇴근한다.

4) 여성에 대한 에티켓

(1) 자동차 승·하차시

① 탈 때는 여성을 먼저 조수석에 앉히고 문을 닫아준 다음 운전석으로 간다.
② 택시 등을 탈 때도 여성을 먼저 태운다.
③ 단, 여성이 먼저 탈 것을 권했을 경우는 먼저 타도록 한다.

(2) 엘리베이터 이용시

① 엘리베이터에 탈 때도 여성이 먼저 탄다.
② 남성은 문이 닫히지 않도록 바깥에 있는 버튼을 눌러준다.
③ 내릴 때도 여성이 먼저 내린다.

(3) 여성이 방에 들어왔을 때

① 여성이 방에 들어오면 남성은 무조건 일어나서 맞이하는 것이 매너이다.

(4) 여성이 자리에 앉을 때

① 여성이 자리에 앉을 때 의자를 빼서 주거나 앉기 쉽게 밀어주는 역할도 남성이 한다.
② 여성이 자리를 뜰 때도 세심한 배려가 필요하다.

(5) 음료를 대접할 때

① 사교모임의 경우 음료, 커피 및 칵테일까지도 여성을 먼저 대접하도록 한다.

(6) 에스컬레이터 이용시

① 여성이 미끄러져 떨어지지 않도록 남성은 여성 뒤에서 올라간다. 내려갈 때는 남성이 먼저 가도록 한다.
② 단, 남성이 안내할 경우에는 나란히 가거나 남성이 앞서서 가도 된다.

(7) 문을 열고 닫을 때

① 문을 열 때도 남성이 하고 닫을 때도 남성이 하는데 회전문은 남성이 먼저 나가 여성이 나오는 것을 기다린다.

09 여행 매너

글로벌 시대를 맞이하여 해외로 여행을 하는 사람들이 늘어나고 있어 해외여행에 필요한 준비물을 미리 구비해야 한다. 해외로 갈 때는 목적지에 관한 공부를 하여 즐거운 여행이 되도록 한다.

1) 공항 매너

해외로 출국하는 사람들이 증가하면서 국내선이나 국제선을 이용할 때 공항에서 지켜야 할 출・입국 절차에 대해 숙지하고 있어야 한다. 공항에서의 출・입국 절차는 나라마다 차이가 있고 현지에서 예상하지 못한 돌발상황에 대처하기 위해 사전에 출・입국 절차를 꼼꼼하게 살펴보도록 한다.

(1) 여행준비 절차

1 여권 발급

외국으로 여행이나 비즈니스를 위해 가는 사람들에게 국가가 국적과 신분을 나타내는 증명서로 여행기간 중 분실하지 않도록 유의하고 여권용 증명사진 2장과 여권 첫 장을 복사해 갖고 가도록 한다.

2 비자 발급

비자(Visa)는 방문하고자 하는 상대국의 정부에서 입국을 허가해주는 일종의 허가증으로 여행계획을 세우고 방문하고자 하는 국가가 결정되면 방문하고자 하는 나라에서 비자를 필요로 하는지 확인해야 한다. 최근 들어, 우리나라는 많은 나라들과 비자 면제협정을 맺고 있으며 만일 허용하는 기간을 초과하여 체류할 목적의 여행시에는 반드시 목적에 맞는 비자를 받아야 한다. 비자는 사용횟수와 여행 체류기간, 여행목적에 따라 다르다.

3 항공권 예약

항공권 예약은 항공권 구입 여행사와 항공사의 데스크를 통해 할 수 있는데 직접 방문, 전화 예약, 인터넷 예약 모두 가능하다. 여행이나 출장 일정에 맞게 예약하고 여행의 목적과 출발 일자, 시간, 항공기의 등급을 정확하게 남긴 후 자신의 성명과 여권번호, 연락처를 알려준다.

(2) 출·입국 절차

1 탑승 수속

공항에 도착하면 예약한 항공사에 수하물을 먼저 처리한다.

2 출·입국 신고서

체크인 카운터에 비치된 출·입국 신고서를 미리 작성하여 출국 신고시에 제출한다.

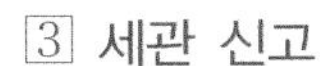

3 세관 신고

여행자가 미화 1만 달러 이상과 고가의 휴대품을 소지하였을 때 신고하여 물품이나 화폐 등의 품목, 수량, 가격을 기재하여 반출한다.

4 보안 검색

여권 및 탑승권을 확인받은 후 공항 이용권을 제출하고 기내에 반입이 허용되는 휴대품 등을 보안 검색을 받는다.

5 출국 심사

대기선에서 기다리고 차례가 돌아오면 여권, 탑승권, 출·입국 신고서를 제시한다.

6 탑 승

탑승 시간에 맞추어 탑승 출발 30분 전에 승무원의 안내에 따라 탑승하도록 한다.

(3) 공항 에티켓

① 출국 시간 2시간 전에 도착하여 출국 수속을 하도록 한다.
② 항공사에 따라 허용되는 수하물 무게가 다르므로 미리 확인하도록 한다.
③ 귀중한 휴대품은 사전에 세관에 신고해야 한다.
④ 출국 심사는 질서를 지키고 대기선에서 순서를 기다린다.
⑤ 공항에서 큰소리를 내어 남에게 방해가 되지 않도록 한다.
⑥ 30분 전에 탑승해야 하므로 시간에 늦지 않게 항공권의 게이트 번호를 확인하여 게이트 앞에서 기다린다.

2) 호텔 매너

호텔을 이용함에 있어 필요한 매너는 여행객이나 비즈니스맨이라면 기본적인 상식이다. 호텔은 시설이나 서비스에 따라 특급호텔부터 다양한 숙박이 있어 호텔시설에 따라 이용이 다르므로 유익한 여행이 되도록 한다.

(1) 예약 에티켓

① 여행을 떠나기 전에 미리 숙박 일자에 맞추어 호텔을 예약한다.
② 도착일과 도착 항공권을 미리 알려준다.
③ 체크인(Check in)과 체크아웃(Check out)을 정확하게 한다.

(2) 객실 에티켓

① 속옷이나 실내화를 신고 호텔 내에서 돌아다니지 않는다.
② 욕실에서는 샤워커튼을 욕조 안으로 가리고 물이 밖으로 넘치지 않도록 주의한다.
③ 너무 늦은 시간까지 소리를 높여 다른 투숙객에게 방해가 되지 않도록 한다.
④ 객실 내에서는 호텔 비품을 청결하게 사용하고 반출하지 않도록 한다.
⑤ 팁을 주어야 하는 경우에는 객실을 비울 때 1~2불짜리 지폐를 준비한다.

(3) 호텔 객실 종류(Room Type)

① Single Room : 호텔 객실에 싱글침대가 1개가 있는 룸의 형태이다.

② Double Room : 호텔 객실에 더블침대가 있는 룸의 형태이다.

③ Twin Room : 호텔 객실에 싱글침대 2개가 각각 놓여 있는 룸 타입이다.

④ Triple Room : 호텔 객실에 더블침대나 혹은 싱글침대 2개와 여분의 침대가 하나 더 추가되어 있는 룸의 형태이다.

⑤ Suite Room : 호텔 객실의 형태가 일반적인 침대가 있는 것 외에 거실이 딸려 있는 최고급의 룸 스타일을 말한다.

(4) 호텔 객실 요금

① American Plan(AP) : 풀팬션(Full Pension)이라고도 하며 아침, 점심, 저녁이 객실 요금에 모두 포함되어 있는 것을 뜻한다.

② Modified Plan(MP) : MAP라고도 불리는 가격으로 아침과 저녁이 포함되어 있다.

③ Continental Plan(CP) : 객실 요금에 아침식사가 포함되어 있는 가격이다(Continental Breakfast).

④ European Plan : 객실 요금만 책정되는 가격표이다.

⑤ Corporate Rate(Commercial Rate) : 특정 회사와 호텔 간의 계약에 의해 일정한 비율로 숙박 요금을 할인해주는 제도로 비즈니스 출장객을 위한 요금표로 기업들과 계약한다.

(5) 호텔 조식의 형태(Types of Breakfast)

① American Breakfast : 주스, 계란 요리, 토스트, 커피를 곁들인 식사이다.

② Continental Breakfast : 주스, 토스트, 커피 등 비교적 간단한 아침식사이다.

③ English Breakfast : 주스, 계란 요리, 생선 요리, 토스트, 커피 등의 아침식사 형태이다.

(6) 다양한 호텔 관련 용어

① A la carte : 불어로는 일품요리라는 뜻으로 메뉴 중에서 자기가 좋아하는 요리를 주문하는 형식으로 세트 메뉴와는 상반되는 개념이다.

② Amenity : 고객의 편의를 도모하고 격조 높은 서비스 제공을 위하여 객실 등 호텔에 무료로 준비해 놓은 소모품 및 서비스 용품을 일컫는다.

③ Bermuda Plan : 객실 요금에 아침식사대만 포함시킨 숙박 요금제도로서 Continental Plan이라고도 한다.

④ Blocked Room : 예약이 되어있는 단체, 국제회의 참석자, VIP를 위해 사전에 객실을 지정해 놓는 것을 말한다.

⑤ Cancellation : 예약 취소. 약어로 CNL이라고 표기한다.

⑥ Cancellation Charge : 예약 취소에 따라 지불하는 비용을 뜻한다.

⑦ Captin : 식당에서 손님의 주문받는 일을 수행하면서 웨이터와 함께 정해진 구역의 서비스를 책임지는 호텔 종사원으로 웨이터보다 지위가 높고 매니저보다는 낮다.

⑧ Complimentary : 호텔 홍보를 위한 목적 등으로 무료로 제공하는 객실 또는 물질적 서비스를 말하며 보통 약칭하여 콤프(Comp)라고 한다.

⑨ Connecting Room : 객실과 객실 사이에 통용문이 있어 두 객실 사이를 열쇠 없이도 드나들 수 있는 연쇄통용 객실이다.

⑩ Corkage Charge : 식당이나 연회장 이용시 술을 별도로 가져올 경우 글라스, 얼음, 서비스 등을 제공해주고 판매가의 30~50% 정도를 받는 요금이다.

⑪ Deposit Reservation : 예약 예치금

⑫ Door Man : 호텔 등에서 도착하는 자동차의 문을 열고 닫아주는 서비스를 하는 호텔 종업원을 말한다.

⑬ Dawn Grading : 객실 사정으로 인해 예약받은 객실보다 싼 객실에 투숙시키는 것을 말한다.

⑭ Estimated Time of Arrival(ETA) : 도착예정시간을 말한다.
Estimated Time of Departure(ETD) : 출발예정시간을 말한다.

⑮ Family Plan : 부모와 같이 객실을 사용하는 14세 미만의 어린이에게 적용하는 제도로서 Extra Bed를 넣어주고 요금은 징수하지 않는다.

⑯ Walk in Guest : 예약 없이 들어오는 고객

⑰ Page Boy : 호텔의 고객이나 외부 손님의 요청에 의해 필요한 고객을 찾아주고 메시지를 전달하는 등의 심부름을 페이징(Paging)이라 하며 이를 담당하는 호텔 종사원을 Page Boy라고 한다. 호텔 내 어딘가에 있을 사람을 찾고자 할 때 종업원에게 그 사람의 인적사항을 적어주고 페이징을 요구하면 스피커를 통해 불러주거나 페이징용 소형 흑판에 이름을 써서 들고 장내를 들고 다닌다.

⑱ Pre-Registered : 투숙 경험이 있는 고객으로부터 객실예약이 있을 경우 예약카드를 미리 작성해 놓는 것을 말한다. 또한 Registration card는 숙박등록카드라 한다.

⑲ Off season Rate : 비수기에 적용하는 할인된 객실 요금이다.

⑳ Skipper : 정당한 체크아웃 절차를 이행하지 않고 떠나거나 식당에서 식대를 지불하지 않고 몰래 떠나는 손님을 말한다.

3) 여행지 매너

특히 해외로 여행을 할 경우 자신의 그릇된 행동이 한국 사람의 전체 이미지를 흐려놓는 결과를 초래하기도 한다. 그러므로 더욱 에티켓에 신경 써야 하고 여행지의 풍속 및 습관을 잘 숙지하여 행동하는 것이 바람직하다.

(1) 현지 문화

① 서툰 언어라도 그 나라의 간단한 회화 정도는 미리 익혀서 사용하면 호감을 갖는다.

② 외국의 생활습관, 풍속 등을 이해하고 적응하도록 노력한다.
③ 대화할 때는 표정과 시선 맞춤이 가장 중요하다.
④ 촬영금지 구역에서는 촬영하거나 작품에 손대지 않는다.
⑤ 여행지에서 낯선 사람이 지나치게 호의를 베푸는 것에 주의하도록 한다.
⑥ 여행할 때 가능하면 지갑이 들어 있는 가방은 앞으로 오게 해서 분실하지 않도록 주의한다.
⑦ 여행 중에 그 나라의 한국대사관 연락처를 알아 긴급사항에 대비한다.
⑧ 여행지에서는 가능한 아무 물이나 먹지 않으며 생소한 음식도 함부로 사먹어서는 안 된다.

(2) 팁 문화

서구사회에서 팁(Tip)이란 제공받은 서비스에 대한 감사의 표시이다. 서양에서는 팁이 보편화되어 있어 서비스를 제공해주는 사람에게 주는 금전이므로 어느 정도가 적당한지 알고 있어야 한다. 팁의 금액은 상황에 따라 다르지만 너무 인색해서는 안 되며 서비스를 제공받았을 때의 고마움을 표시하는 정도가 좋다.

음식을 나누어 먹는 행동이야말로 사람이 서로 마음을 열고
교감을 나눌 수 있는 또 하나의 커뮤니케이션이다.
먹는 문화란 단순히 식도락의 차원이 아니고
요리를 종합예술로 바라본 문화의 한 부분으로 이해되어야 하며
이제 음식을 나누어 먹는 것은 생존의 문제가 아닌
세련된 문화의 일부분으로 바라보아야 하는 것이다.
테이블 매너는 요리를 맛있게 먹고 동석한 사람들 모두가
유쾌하고 즐거운 마음으로 식사를 하는 것으로
음식문화를 즐기려고 하는 태도에서부터 시작된다.

7. 테이블 매너

Table Manner

01 테이블 매너의 정의

음식을 나누어 먹는 행동이야말로 사람이 서로 마음을 열고 교감을 나눌 수 있는 또 하나의 커뮤니케이션이다. 실제로 우리는 식사를 함께하면서 모르는 사람을 알게 되고 친구와 우의가 더욱 돈독해진다. 뿐만 아니라 대부분의 사업상 거래도 식탁에서 이루어지는 게 사실이다. 특히 서양에서는 자신의 집에 사람들을 초대하고 음식을 준비하는 것을 중요한 행사로 생각한다. 이토록 식사가 중요한 만큼 지켜야 할 매너 또한 까다로운 것도 사실이다. 그렇다고 테이블 매너가 사람들을 불편하고 귀찮게 하는 형식이 되어서는 안 된다. 테이블 매너는 요리를 맛있게 먹고 동석한 사람들 모두가 유쾌하고 즐거운 마음으로 식사하는 데 그 의의가 있다.

1) 품격 있는 테이블 매너

(1) 레스토랑 이용시

① 식당 이용시 사전 예약을 하고 확인을 한다.

② 고급 레스토랑에는 정장을 입고 가는 것이 예의이다.

③ 입구에서 안내원의 안내를 받아 들어간다.

④ 착석시 여성은 남성이 의자를 빼주면 왼쪽에서부터 의자 앞으로 가서 앉는다.

⑤ 의자에 앉을 때는 몸과 테이블 사이의 간격을 바르게 하고(테이블과 가

슴 사이의 간격이 주먹 두 개 만큼의 거리) 허리를 깊숙이 하여 상체를 꼿꼿이 세운다.

⑥ 레스토랑에 들어갈 때나 연회에 참석할 때는 모자나 코트, 가방 등의 짐은 클라크룸(Cloak Room)에 맡긴다.

⑦ 여성의 핸드백은 의자와 등 사이에 놓거나 큰 가방일 경우 의자 옆으로 내려놓는 것이 좋다.

⑧ 상석은 벽을 등진 자리, 전망이 좋은 자리, 입구에서 먼 자리가 상석인데 직원이 제일 먼저 빼어주는 자리가 상석이다.

⑨ 냅킨은 모두가 착석 후 펴도록 한다.

2) 서양식 테이블 매너

보통 서양식 풀코스 세팅시 나이프와 스푼은 접시의 오른쪽에 세팅하고 포크는 접시의 왼쪽에 세팅하는 것이 원칙이다. 풀코스에서는 나이프와 포크가 각각 3개가량 놓여 있기 마련인데 바깥쪽부터 안쪽 순으로 사용한다.

(1) 테이블 웨어(Table Ware) 사용법

① 생선은 생선용 나이프와 포크를 사용하는데 생선용 나이프는 칼날에 홈이 파여져 있고 포크의 경우 등이 볼록하게 튀어나와 있는데 이는 생선가시를 잘 발라내기 위해서이다.

② 스푼은 가장 오른쪽에 놓는다. 동그란 형태의 부용 스푼은 원칙적으로 맑은 스프용이고 길쭉한 테이블 스푼은 걸쭉한 스프용이다.

③ 식탁용 나이프보다 크기가 작은 치즈용 나이프, 디저트용 포크와 스푼 등은 치즈나 디저트 접시와 함께 나중에 들어오는 것이 원칙이지만 접시 위쪽에 미리 세팅되는 경우도 있다.

④ 나이프와 포크는 음식이 바뀔 때마다 교환되는 것이 원칙이지만 격의 없는 사이이거나 가정에 초대된 경우라면 하나를 계속해 사용하는 경

우도 있다.

⑤ 식사 도중에 잠시 자리를 비우는 경우라면 나이프와 포크를 접시에 걸쳐서 좌우로(八字) 놓아두고 식사를 마친 경우에는 이들을 접시의 오른쪽 위에 비스듬히 일자로 놓는다.

⑥ 대화 도중 나이프와 포크를 마구 흔들어도 안 되며 어떤 경우라도 가슴선 이상 올려서는 안 된다.

⑦ 음식을 씹거나 대화를 나누는 동안은 포크와 나이프를 그대로 들고 있지 말고 접시에 걸쳐놓도록 하며 조심성 없게 식기나 도구들을 부딪쳐 소리가 나지 않도록 주의해야 한다.

⑧ 생선 요리에는 생선용 나이프가 있으나 포크만 사용해도 무방하고 나이프로 음식을 찍어 입술로 가져가면 절대 안 된다.

⑨ 식사 도중 포크나 나이프를 떨어뜨렸을 경우는 줍지 말고 웨이터를 조용히 불러 새것으로 요구한다.

3) 식사시 테이블 매너

(1) 올바른 식사법

① '좌빵우물'의 원칙을 기억한다(빵은 나의 왼쪽, 물은 나의 오른쪽이 내 것이다).

② 스프 스푼은 오른손으로 엄지손가락을 위로 해서 잡는다. 너무 뜨거울 때는 후후 불지 말고 스푼으로 저어가며 식힌다.

③ 미국식은 스프를 뜰 때 앞에서 뒤로 유럽식은 뒤에서 앞으로 떠먹는데 스푼을 입으로 빨지 말고 스푼의 끝 쪽에 입을 대고 마신다. 스프는 마신다(drink)는 의미보다 떠서 먹는다(eat)의 느낌으로 소리가 나지 않게 주의하도록 한다. 손잡이가 달린 스프 그릇(부용컵)의 경우 그대로 들고 마셔도 무방하다.

④ 포멀한 모임의 정식코스 요리에서 빵은 스프에 찍어 먹지 않으며 반드시 손으로 뜯어서 버터나 잼에 발라먹는다. 빵은 입안을 깨끗이 닦아주고 다음 음식을 먹기 위한 보조역할을 하며 잼은 아침식사에만 세팅된다. 빵은 그램수(gram)에 따라 브래드(bread) : 무게가 225g 이상, 번(bunn) :

60~225g, 롤(roll) : 60g 이하라 명칭하고 우리가 흔히 먹는 식빵에는 아메리칸 브래드, 프랑스의 바게트, 오스트리아의 크로아상, 영국의 머핀, 덴마크의 페스츄리, 이스라엘의 베이글 등이 있다.

⑤ 스테이크를 먹을 때는 왼손에 든 포크로 고정시키고 오른손의 나이프로 결에 따라 왼쪽부터 잘라먹도록 하며 육즙이 빠져나가므로 한꺼번에 다 잘라먹지 않는다. 샐러드나 빵을 먹을 때 나이프를 사용하는 것은 금물이다. 샐러드는 포크로 빵은 반드시 손으로 떼어 먹는다.

⑥ 고기를 자를 때에는 포크로 고기를 찔러 누르고 왼쪽에서부터 잘라먹는데 고기의 결에 따라 나이프를 위쪽에서 아래쪽으로 잡아당기듯이 썰어야 잘 썰어진다.

⑦ 생선을 먹을 때에는 위의 살을 다 먹은 후 뼈를 걷어낸 후 반대편을 먹는다. 생선은 뒤집지 않도록 한다.

(2) 세련된 냅킨 매너

① 냅킨은 자리에 앉자마자 성급하게 펴지 말고 모두 착석한 후 무릎 위에 조용히 펼친다.

② 냅킨은 완전히 펴는 것이 아니라 1/3 크기로 접어서 접힌 쪽이 자기 쪽으로 오도록 무릎 위에 올려놓으면 된다.

③ 냅킨은 실수로 음식물을 떨어뜨리더라도 옷을 버리지 않기 위해 사용하거나 입술에 묻은 음식물을 살짝 가볍게 닦을 때 사용하는 천이다. 닦을 때는 냅킨의 가장자리로 닦도록 하고 천으로 된 냅킨으로 립스틱을 바른 입술을 닦는 것은 실례가 되므로 입술의 립스틱은 종이냅킨으로 닦는다. 물이나 포도주를 엎지른 경우 직접 냅킨으로 닦기보다 웨이터를 부르는 것이 바람직하다.

④ 식사를 마친 뒤 냅킨을 잘 접어서 테이블 위에 올려놓고 나오는 것을 예의로 생각하는 사람이 있는데 이는 잘못된 생각이다. 혹 사용하지 않은 것으로 착각하여 다시 사용할 수도 있기 때문에 식사를 마치고 일어

설 때는 냅킨을 대충 접어 테이블 위에 놓으면 되지만 식사중인 경우에 잠깐 자리를 뜰 경우이면 의자에 놓는다.

4) 서양 요리 정식

동 · 서양을 막론하고 각국 정상들의 정식 연회에는 정통 프랑스 요리를 내는 것이 관례처럼 되어 있다. 이는 일찍이 유럽 제국이 국왕에 의해 다스려지던 시대에 왕실에서 일하던 궁중 요리 조리장이 대부분 프랑스인이었기 때문에 생겨난 전통이다.

프랑스 요리의 특징은 맛, 향, 모양이 뛰어나다는 점과 이와 어울리는 포도주가 매우 다양하다는 점이다. 따라서 서양 정식이라면 프랑스식 "풀코스(full course)"인 "다블 도트(table d'hote)"를 가리키는 것이 일반적이고 일품요리(A la carte)와는 다르다.

(1) 서양 정식의 코스별 요리

① 애피타이저(Appetizer : 전채, 오르되브르 : hors-d'oeuvres)

식욕을 증진시키기 위해 제공하는 적은 양의 요리로 아름답고, 양은 적고, 침샘을 자극하는 새콤하고 신맛이 나는 것이 특징이며 콜드(cold) 애피타이저와 핫(hot) 애피타이저로 나눌 수 있다. 콜드(cold) 애피타이저는 캐비어, 푸아그라, 생굴 요리, 새우칵테일, 훈제연어 등이 있고 핫(hot) 애피타이저에는 에스까르고, 스켈롭(가이바시라)타르트 등이 있다. 프랑스의 3대 진미로는 푸아드라(거위간), 에스카르고(달팽이), 트뤼플(송로버섯)이 있다.

② 스프(Soup) 혹은 뽀따쥐(potage)

뽀따쥐 클래르는 맑은 스프로 콩소메가 대표적이고 영어로는 clear soup이라 하며 대표적인 것으로 부용(bouillon : 육수나 해산물을 우려낸 일종의 육수)이 있다. 스프 스푼(soup spoon)에도 부용 스푼이라고 하여 맑은 국물을 떠먹는 데 사용하는 스푼이 있다. 뽀따쥐 리에는 진한 스프로 크림스프가 대표적이며 영어로는 thick soup이라고도 한다. 뽀따쥬는 프랑스어로 모든 종류의 스프를 총칭한다.

③ 생선 요리(Fish, 쁘와송 : poisson)

주로 생선을 찌거나 버터구이를 한 것인데 조개류도 포함되며 맛은 담백한 편이다. 백포도주를 차게 하여 함께 마시면 좋다. 생선 요리가 통재로 나올 때는 레몬즙을 생선 위에 뿌린 후 포크로 생선머리를 눌러서 나이프로 생선뼈 가운데 쪽으로 칼집을 넣는다. 생선살의 안쪽으로 벌려서 왼쪽부터 먹는다. 생선은 뒤집지 않는다. 소떼(Saute)는 연어를 살짝 구워낸 것을 말하며 메니에르(Meuniere)는 생선을 달걀과 밀가루에 무쳐 프라이팬에 익힌 요리를 일컫는다.

④ 셔벗(Sherbet, 소르베 : sorbet)

다음 나올 요리를 먹기 전 입가심용으로 먹는 것으로 풀코스에서 생선과 육류 사이에 제공되는 단맛이 적고 알코올 성분이 소량 들어 있는 빙과류이다.

⑤ 앙뜨레(Entree, 앙뜨레 : entree)

풀 코스의 메인 코스는 스테이크이다. 소고기, 닭고기, 오리고기, 양고기 등이 이에 해당한다. 안심스테이크를 필레(filet) 스테이크라고 하는데 필레란 프랑스어로 안심을 뜻한다. 그 중에서도 앞쪽 넓은 부분의 안심으로 "샤또브리앙"이 최고급이다. 약 60cm 정도의 안심을 여섯 종의 스테이크로 분류한다.

샤또브리앙, 필레, 뚜른느도, 필레미뇽, 쁘띠필레의 순으로 각 부위별 명칭이 부여되어 있다. 그 외 갈빗살인 립아이 스테이크(rib eye steak)와 등심살인 설로인(sirloin) 스테이크, 등심살과 안심살을 뼈에 붙은 상태로 잘라 구운 티본(T-born) 스테이크 등이 있다. 고기는 육즙이 마르기 때문에 처음부터 한꺼번에 썰어놓지 않는다. 실온의 적포도주와 함께 마시면 좋다. 포도주의 탄닌 성분이 고기의 누린내를 제거한다. 스테이크는 굽는 정도의 상태에 따라 4가지로 구분한다. 래어(Rare)는 표면만 살짝 구워 붉은 날고기 그대로의 상태로 프랑스어로는 "쎄낭(Saignant)"이라고 하고, 미디엄 래어(Medium rare)는 중심부가 핑크빛인 부분과 붉은 부분이 섞여 반쯤 덜 구운 상태로 "블뢰(Bleu)"라고도 한다. 미디엄(Medium)은 중심부가 모두 핑크빛을 띠는 중간 정도 구운 것으로 "아 쁘엥(A point)"이라고 한다. 웰던(Welldone)은 표면이 완전히 구워지고 중심부도 충분히 구워져 갈색을 띤 상태로 "비엥 퀘이(Bien cuit)"라고 한다.

⑥ 샐러드(Salad, 살라드 : salade)

샐러드는 고기를 먹을 때 필수적으로 알칼리성인 야채가 산성인 고기를 중화시켜 주고 맛에서도 상호 조화를 잘 이루어준다. 미국식에서는 메인 요리 전에 샐러드를 먹는다.

⑦ 치즈(Cheese, 후로마쥬 : fromage)

서양에서는 전통적으로 샐러드와 디저트 사이에 치즈를 먹는다. 프랑스의 저녁은 반드시 치즈를 먹는 습관이 있다. 치즈는 수분 함유량에 따라 연질치즈와 경질치즈로 분류된다. 치즈는 사과, 포도와 잘 어울리고 바게트에 발라 먹어도 맛있다. 연질치즈는 수분 75% 이상으로 까망베르치즈, 브리치즈, 모짜렐라치즈가 있고 경질치즈는 딱딱한 에멘탈치즈, 체다치즈가 있다.

⑧ 디저트(Dessert, 데세르 : dessert / 앙트르메 : entremets)

서양 요리에서는 설탕을 사용하지 않으므로 식사가 끝난 후에 달콤하면서도 부드러운 과자, 파이, 젤리, 과일 등을 먹는다.

⑨ 커피(Coffee, 까페 : cafe)

미국산 레귤러 커피와 다른 드미다스(demitasse) 컵으로 제공된다. 보통 컵의 반 정도 크기이다.

02 와인의 이해

1) 와인의 정의 및 역사

사전적 의미의 와인은 모든 과실주의 총칭이다. 그러나 우리는 흔히 포도주를 연상하는데, 오늘날 전 세계에서 생산하는 와인의 99%가 포도주이다. 와인은 포도를 발효시켜 만든 술로 물 한 방울도 들어가지 않은 100% 포도즙으로 만들어진다. 와인의 발효는 알코올 발효이며 알코올 발효는 설탕, 포도당과 같은 당분이 효모(yeast)에 의해 알코올과 탄산가스로 변하는 것으로 술의 원료는 반드시 당분을 함유하고 있어야 한다. 알코올 발효가 진행될수록 포도 속의 당분은 줄어들고 알코올 농도는 높아지는 것이다. 그리하여 성숙된 깊은 맛의 술로 탄생되는 것이다. 와인의 원료인 포도는 기온, 강수량, 토양, 일조기간 등의 일명 "떼루와"라고 하는 자연조건과 양조법에 의해 달라진다. 그리하여 와인에는 나라마다 지방마다 서로 다른 문화와 자연이 고스란히 담겨 있고 사람들의 삶 속에서 문화의 중심적 역할을 하는 술 이상의 의미를 가지고 있다. 고대의 와인 문화는 이집트, 메소포타미아, 그리스 등지에서 최초로 시작되었다. 이집

트인들은 와인을 최초로 마신 민족으로 이들은 포도주를 담았던 옹기 항아리에 빈티지, 포도밭, 생산자의 이름을 적은 와인 리스트까지 우리에게 남겼다. 메소포타미아는 기원전 3500년경 포도주를 짜는 기구가 발견되고 우르 왕조 시대의 판화에 술 마시는 장면이 나와 있다고 한다. 이렇게 해서 와인은 이집트에서 페니키아를 거쳐 그리스 남부 이탈리아의 시칠리아 섬에까지 선원들에 의해 전래되고 이들은 와인을 바닷물에 희석하거나 향 풀을 섞어 마시기도 하고 흥을 돋우는 자리에서 특히 와인을 즐겼다고 한다. BC 1세기 로마로 올라오면서 양조기술의 발달로 로마인들은 화이트 와인을 선호하여 색이 빠지도록 유황으로 증류시키기도 하고 걸러낸 포도주를 맑게 만들기 위해 석고나 찰흙 찌꺼기를 가라앉히는 방법을 사용하였다. 군인이나 하층민은 포도 찌꺼기에 물을 타는 방법인 피케트(Piquette)와 포도 찌꺼기를 식초로 만드는 방법의 포스카(Posca)를 사용하였다.

중세의 와인 문화는 로마제국의 몰락 이후 무법천지 속에서도 수도원들이 포도 재배에 주력함으로써 여러 가지 종류의 포도를 시범 재배해 가장 좋은 결과를 내는 품종만을 선택하는 재배법이 개량되어 확실한 산지(특급와인 생산 포도원) 개념이 정립되었다. 르네상스 시대의 와인 문화는 문화와 예술의 부흥에 따라 포도주의 수요가 폭발했고 이는 포도 재배와 포도주 상업을 자극하여 음주 문화도 더욱 활발해지고 양조학에 관한 많은 논문들이 발표되기 시작했다. 근대시민사회의 와인 문화는 품질에 대한 요구라는 새로운 코드가 대두되면서 오늘날 우리가 "그랑크뤼"라고 부르는 특급와인들이 탄생하였다. 또한 철도의 개설로 인해 포도주의 대량 운반과 원거리 운송이 가능해지면서 포도주 산업은 그야말로 혁명적 전기를 맞이하게 되었다. 현대사회의 와인 문화는 1860년대 프랑스 남부 역사상 가장 큰 재앙으로 일컬어지는 필록세라 질병으로 유럽의 와인 산업은 큰 위기를 맞게 되었고 이런 틈을 타서 신세계로의 이민이 늘어남에 따라 미국 서부, 호주, 남아프리카, 뉴질랜드 등에서 유럽식 포도 재배의 전통을 이어가게 되었다. 필록세라와 경제위기로 포도주 산업의 정체를 극복하기 위한 제도적 정비 노력의 일환으로 프랑스는 1905년 위조방지위원회를 설립하여 30년간 연구를 거듭하여 1935년 국립 원산지 통제원으로 INAO(Institute de National Appellation)이라는 단체가 생기면서 품질을 관리하기 위한 AOC 제도를 이룩하게 되었다.

(1) 와인의 종류

와인의 종류는 다음과 같이 분류할 수 있다. 만드는 방법(Making Method)에 따라 발포성 와인과 비발포성 와인으로 나뉜다.

① 발포성 와인(Sparking Wine) : 1차 발효가 끝난 다음 2차 발효시 생긴 탄산가스를 그대로 함유시킨 것으로 보통 샴페인(Champagne)이라고도 한다.
② 비발포성 와인(Still Wine) : 제조과정에서 생기는 탄산가스를 없앤 비발포성 와인으로 스틸 와인이라고도 한다(알코올 14% 이하).

다음으로는 색깔 구분(Color Method)에 따라 레드 와인, 화이트 와인, 로제 와인으로 나눈다.

① 레드 와인(Red Wine) : 껍질이 검정에 가까운 진한 색을 띤 포도로 만들어진다. 레드 와인은 색이 중요해 술을 만드는 발효과정 중에 껍질과 씨가 함께 발효된다. 껍질은 가벼워서 원액 위에 뜨게 되므로 색깔이나 껍질의 추출물을 잘 우려내기 위해 아래쪽의 액을 계속 껍질 위로 뿌려주어야 한다.
② 화이트 와인(White Wine) : 청포도를 주로 사용하여 만들지만 모든 색깔의 포도로도 만들 수 있다. 화이트 와인은 포도를 으깬 후 껍질을 제거하고 주스만으로 만들어진다. 적포도씨와 껍질이 닿지 않게 하여 주스만 짜내면 화이트 와인으로 만들어진다.
③ 로제 와인(Rose Wine) 혹은 핑크 와인(Pink Wine) : 포도의 원료와 생산방식은 레드와 같으나 색이 진하게 띨 때까지 껍질을 오래 담가두지 않

고 원하는 색상이 나오면 껍질을 제거한다. 로제 샴페인은 적포도로 만들어진 레드 와인과 청포도로 만든 화이트 와인을 와인 상태에서 섞어서 만든다.

다음 맛의 차이(Taste Method)에 따라서는

① 스위트 와인(Sweet Wine) : 고상한 부패(Noble Lot) 건포도 상태의 포도로 만든 와인 혹은 당분이 알코올로 변하는 과정 중에 산화방지제 SO_2를 넣거나 혹은 와인을 증류시킨 브랜디를 넣으면 발효는 즉시 중단되고 남아있던 당분 때문에 스위트 와인(Sweet Wine)이 된다.

② 드라이 와인(Dry Wine) : 드라이 와인은 와인에 남아있는 잔류 당분이 0.2% 이하인 와인이다. 자연 상태의 포도가 발효가 끝날 때까지 그대로 두면 드라이 와인(Dry Wine)이 된다.

(2) 포도의 품종과 특성

대표적인 레드 와인(Red Wine)의 종류에는

① 까베르네 쏘비뇽(Cabernet Sauvignon) : 세계적으로 분포하고 있는 대표적 레드 와인의 포도 품종으로 주로 프랑스 보르도, 매독, 그라브 지방이 유명하다. 색이 진하고 타닌이 풍부하며 성숙된 향미가 있다(나무와 야생꽃 향).

② 까베르네 프랑(Cabernet Franc) : 까베르네 쏘비뇽이 보다 덜 섬세하나 풍부한 향을 지니고 있다. 프랑스 남부 르와르 계곡, 사우스 아메리카 지방이 유명하다.

③ 가메이(Gamay) : 매년 11월 셋째 주에 출하되는 보졸레(Beaujolais) 지방의 원료가 되는 포도의 주력 품종이다. 진한 과일 맛이 나며 비교적 타닌은 적다. 캘리포니아 와인에도 “가메이 보졸레(Gamay Beaujolais)”라

는 것이 있는데 이는 피노누아의 변종 포도 품종으로 가메이와는 무관하다. 모든 누보의 품종은 전부 가메이(Gamay)이다(보졸레누보, 뜰랜느누보, 론느누보 등은 영(Young) 포도주로 소비된다).

④ 메를로(Merlot) : 순하고 부드러운 여성적인 섬세한 맛이 나는 메를로(Merlot)는 쌩떼밀리옹(St-Emilion) & 뽀모롤(Pomerol) 지방 와인의 주 성분이며 최고가의 와인으로 알려진 샤또 페트리스(Chateau Petrus)의 95% 원료가 된다.

⑤ 피노누와(Pinot Noir) : 프랑스 브르고뉴 지방의 주 레드 와인 품종으로 향긋하며 부드러운 맛이 있다.

⑥ 시라(Syrah) : 적색의 과일 향으로 맛이 두껍고 진하다. 남부 꼬드드론느 지방 론강 북쪽 지역과 신세계인 호주 등지에서 유명하다.

⑦ 템프라닐로(Tempranillo) : 스페인의 유명한 와인 리오와(Rioja)의 주 품종이다.

⑧ 진판델(Zinfandel) : 캘리포니아와 호주 등지에 퍼져 있으며 적색 과일, 나무딸기, 뽕나무 열매의 맛과 향미가 있다.

대표적인 화이트 와인의 종류에는

① 샤르도네(Chardonnay) : 프랑스 브르고뉴 지방의 화이트 와인(샤블리)의 주 품종이며 가장 유명한 청포도 품종이다. 샹파뉴, 꼬드 드 블랑에서 재배되며 백색 과일(사과・배・백도) 그리고 호두 맛이 난다.

② 게브르츠 트와미나(Gewurztraminer) : 프랑스 알자스 지방에서 생산되며 풍부한 꽃 향과 달콤한 맛으로 식전주나 디저트 와인으로 좋고 리치 열매와 장미 향미가 있다. 블랜딩 와인이 아닌 100% 품종 와인이다.

③ 무스까떼(Muscat) : 디저트용 포도 품종으로 짙은 포도 향과 꽃 향기가 풍부하다. 프랑스 랑그독 루씨옹 지방에서 생산한다.

④ 피노그리(Pinot Gris) : 풍부한 맛이 감돌고 높은 당도로 자두, 황도 맛이

나며 꿀맛이 난다.

⑤ 리슬링(Rieslin) : 프랑스 알자스 지방과 독일에서 생산되는 주 포도 품종으로 과일 향이 강하고 미네랄이 풍부하다.

⑥ 소비뇽 블랑(Sauvignon Blanc) : 프랑스 중부 르와르에서 생산되며 Pouliiy 퓨이퓨메(Fumme) & 쌍세르(Sancere)의 주 품종이다. 까치밥나무 열매의 향미가 있고 산도가 좋다. 세계적으로 비싼 스위트 디저트 와인(Sweet Dessert Wine)인 샤또디껨의 구성 품종으로 유명하다.

⑦ 쎄미용(Semillon) : 보르도의 귀부 와인으로 유명한 소떼른의 포도 품종이며 꿀과 바닐라 향의 달콤한 맛을 지니고 있다.

(3) 와인의 등급과 품질

1 A.O.C(Appellation d' Origine Controlee) : 원산지 명칭 통제

가장 높은 범주를 구성하는 포도주로서 떼루와(Terroir), 품종, 선별, 수확량과 밀접한 관계가 있다. 라벨에 AOC의 이름을 사용하기 위해서는 와인 양조에 사용된 포도가 100% 인증된 포도여야 하며 반드시 한정된 지역에서 재배된 포도로 만들어지고 생산되어야 한다. 또한 와인용 포도들은 최소한의 원액 무게치와 알코올 퍼센트를 지니고 있어야 한다. 그리고 와인은 최대 생산량을 초과해서는 안 되며 지역이 세분화될수록 와인의 생산량을 줄여서 좀 더 포도의 풍미가 와인 속에 담겨 있는 고품질의 와인이란 확신이 있어야 한다. 끝으로 포도원과 양조장에서 사용되는 방식들에 대한 통제가 있어야 하고 모든 와인은 철저한 테스팅과 분석을 거쳐야 한다.

2 VDQS(Vins Delimite Qualite Superieure) : 우수한 품질 제한 포도주

우수한 품질의 와인만 받을 수 있는 등급으로 1949년에 시작된 이 등급은 AOC와 유사한 규정에 의한 통제가 이루어지거나 좀 더 많은 수확량과 좀 더 낮은 알코올 도수가 요구된다. 상표명, 생산자명, 소유주명, 숙성방법이나 보관방법 등을 기재할 수 있다. VDQS도 역시 원산지 명칭 포도주이다.

3 VDP(Vins de Pays) : 지방명 포도주

지방명 포도주는 원산지와 수확 연도를 표기할 수 있다는 점에서 VDT(Vins de Table)과 구분된다. 실제로 지방 명칭(프랑스의)을 사용할 수밖에 없다. 예를 들어 Vins de Pays d'Oc(랑그독 지방 포도주)이 대표적이다.

4 VDT(Vins de Table) : 테이블 와인

이 와인들은 원산지 표시와 수확 연도 등을 전혀 표시할 수 없다. 단지 Vins de Table France라고 표기하며 상품명으로 판매된다.

(4) 와인과 온도

와인의 적절한 온도는 음식의 맛에 영향을 준다. 온도가 높으면 와인의 산미와 당도가 더욱 좋게 느껴진다. 와인을 차갑게 하려면 냉장고에 2~3시간 보관하거나 얼음을 띄운 찬물에 병째로 20~30분 담가 놓는다. 스위트한 와인은 좀 더 차갑게 하는 것이 좋지만 너무 차가우면 와인의 향기와 맛이 날아간다. 와인을 따르고 난 후 와인 병의 온도가 올라가므로 화이트 와인과 스파클링 와인은 아이스 바스켓 안에 넣어둔다. 와인을 마실 때 이상적인 온도는 다음과 같다.

- 8~10℃ : 가벼운 화이트 와인, 후식용 와인, 샴페인
- 10~12℃ : 보통 화이트 와인
- 12~14℃ : 고 품질의 오래된 화이트 와인, 가벼운 영 레드 와인(Beaujolais)
- 14~16℃ : 보통 좋은 와인
- 16~18℃ : 아주 좋은 와인

(5) 와인 시음(Wine Tasting)

시음이란 와인의 첫 모금을 삼키기까지 5감 중 4감, 즉 시각, 후각, 미각, 촉각을 사용하여 와인을 평가하는 일을 말한다.

1 시각(빛깔 관찰)

와인 테이스팅(Wine Tasting)의 준비단계로 와인 색의 농도, 투명도를 잘 관찰한다. 이를 위해 투명한 잔을 선택한다. 화이트 와인은 눈높이 정도로 잔을 들고 침전도를 잘 살피고 빛깔의 범위는 순백색에서 호박색까지이며 갈색이나 구릿빛이 나서는 안 되고 레드 와인은 눈높이보다 아래에 잔을 두고 잔속의 색이 얼마나 붉고 반짝이는지 집중한다. 색이 혼탁하다면 좋지 않는 와인일 경우가 많다.

2 후각(냄새)

마시기 전에 냄새를 맡는데 와인의 향은 품질을 말하기 때문이다. 침착하게 향을 느껴보도록 한다. 또한 잔을 한 번 넓게 흔든 후 퍼뜨린 향을 맡는다. 입에 물고 향을 맡는데 이렇게 세 단계를 거치면 와인이 변화해 온 과정을 차례로 느낄 수 있다. 후각이란 개인에 따라 시간에 따라 느끼는 것이 다르고 그 폭이 넓기 때문에 극도로 민감하고 선택적이다. 이 점이 바로 와인을 테이스팅 할 때 중요 요소가 된다.

3 미각(맛)

맛을 본다는 것은 냄새를 맡으면서 동시에 혀로 느낀다는 것을 말한다. 미각을 이용한 시음이란 결국 혀의 돌기에 분포되어 있는 맛을 보는 세포를 이용하여 단맛, 신맛, 쓴맛을 찾아내어 어떻게 조화를 이루는지 집중하여 관찰한 빛깔과 냄새의 인상을 머릿속에 담고 맛을 보았을 때 더욱 구체화되면서 산성, 타닌, 알코올의 균형을 느낄 수 있는 것이다. 후각과 미각을 합쳐 향미(Flavor)라 한다.

4 촉 각

목에 넘어갈 때의 감촉을 말한다. 가장 판단하기 어려운 Body를 측정하게 된다. 탄산가스의 느낌이라든가 타닌에 의한 떫은맛도 감촉이다.

5 Decanting(숨쉬기)

일반적으로 모든 와인을 먹기 전에 미리 따놓아 숨 쉬도록 하는 것이 좋다고 알려져 있으나, 순한 와인이나 특이한 향을 가진 와인은 개봉 후 즉시 마시는 것이 좋으며 브리딩(Breeding)이 필요한 레드 와인의 경우도 제 병에서 코르크만 열어두는 것은 와인 병 입구가 충분히 숨 쉬기에는 너무 좁기 때문에 별 의미가 없다. 그러므로 다른 병에 옮겨 숨을 쉬게 하는 디켄팅(Decanting)이 필요하다.

6 Carafe(Decanter)

마개를 따서 바로 병으로 옮기며 물병 모양인 까라프(Carafe)는 병이 넓어서 좁은 병에 있던 와인이 숨을 쉴 여유를 준다. 오래된 와인의 경우 병으로 옮기는 과정에서 바닥에 쌓인 침전물이 함께 옮겨지지 않도록 주의한다.

7 Wine Glass(와인 잔)

와인 잔은 와인의 빛깔을 관찰하기 위해 투명해야 하며 매끈한 질감이어야 하고 입술이 촉감을 느낄 수 있도록 두께는 얇아야 한다. 와인 글라스는 튤립 모양의 긴 손잡이가 달린 것을 사용하는데 긴 손잡이는 체온이 와인에 전달되지 않도록 하기 위해서 이다. 위로 올라갈수록 좁아지는 것은 와인의 향기가 날아가지 않고 알맞게 퍼지게 하기 위함이다. 잔의 넓이는 1/3 정도의 와인을 채우고 난 후 안정감이 있어야 하며 잔을 돌릴 때 향이 충분히 퍼져나갈 수 있도록 한다.

(6) 와인과 음식의 조화

와인과 음식을 정리하는 데 있어 가장 중요한 기준은 어떤 와인에 어떤 음식을 조화시켜야 하는가이다. 일반적으로 고기에는 레드 와인, 생선에는 화이트 와인이 잘 어울린다고 한다. 생각해 보면 해산물을 먹을 때는 레몬과 상큼하고 시원한 백포도주를 곁들이고, 느끼하고 기름진 육류에는 혀를 자

극하는 타닌 성분의 레드 와인을 곁들이는 것이 자연스런 조화일 것이다.

[1] 순서의 규칙

백포도주에서 적포도주로 가벼운 와인에서 강한 와인의 순으로 영 와인에서부터 오래된 와인 순으로 하고 드라이 와인에서 스위트 와인 순으로 마시도록 한다. 가볍거나 연한 음식에는 가볍고 복잡하지 않은 와인을, 강하고 맛이 진한 음식에는 강하고 무게 있는 와인이 어울린다. 음식의 맛이 와인을 결정하지만 와인과 음식 중에 어느 것이라도 우세해서는 안 되고 같은 재료라도 요리를 하는 데 있어 굽거나 삶거나 하는 요리방법에 따라 와인의 선택도 달라질 수 있다.

[2] 맛의 감성

와인의 단맛은 음식의 단맛을 서로 끌어올린다. 단맛의 와인은 디저트와의 조화에서 볼 때 단맛을 덜 느낀다. 즉 와인은 음식에 비해 단맛이 높아야 한다. 와인의 신맛 혹은 쓴맛은 음식의 맛과 조화를 이루기는 어렵다. 그러므로 신맛의 요리에는 강하고 산도가 낮은 와인이 좋고, 탄기가 많고 쓴 요리에는 타닌이 적은 와인이 좋다. 와인의 짠맛은 음식에 그다지 영향을 주진 않으나 음식이 짜면 와인의 산미를 더 느끼게 된다. 짠맛의 음식은 산도가 낮은 와인으로 선택한다.

[3] 계절의 조화

- 봄(Spring) : 상큼한 체스트(zest) 향이 강한 화이트 와인, 예를 들어 쏘비니옹 블랑, 샤르도네는 과일 향이 있고 가벼운 것이 계절감각과 잘 어울린다.
- 여름(Summer) : 기온이 상승함에 따라 차가운 와인 한 잔이 생각나는 계절이다. 무더위 속에 입맛을 잃기 쉬우므로 아로마(Aroma)가 향기롭고 농도가 가벼워 입안을 상쾌하게 하고 식욕을 돋우는 화이트 와인인 "리

슬링(Reising)" 또는 프랑스인들이 여름에 즐겨 마시는 로제 와인(Rose Wine)이 좋다.

- 가을(Autumn) : 갖가지 날짐승이나 버섯류가 흔해지며 쌀쌀한 감이 들기 시작할 때는 여름보다는 좀 더 짙고 독특한 와인을 마셔보는 것도 나쁘진 않다. 스페인, 칠레 등지의 와인도 경험해보고 매년 11월 셋째 주 목요일을 기점으로 출하되는 보졸레누보(Beaujoais Nouveau)도 마셔보면 색다른 재미가 있다.
- 겨울(Winter) : 날씨가 추워지면서 밖에서의 활동보다 실내에서 머무는 날이 많아진다. 와인도 가볍고 마시기 쉬운 농도보다는 오래도록 음미하며 즐길 수 있는 것으로 준비한다. 진하게 오크통 숙성된 샤도네 혹은 오래된 빈티지 보르도의 더욱 짙고 단맛이 강한 포트와인을 권한다.

(7) 식사와 함께하는 와인

1 식전주

- 드라이 셰리(Dry Sherry) : 순한 향기와 적당히 쓴맛, 식욕증진, 피로회복에 좋은 것이다.
- 포트 와인 또는 베르무스(Port or Vermouth) : 약초로 맛을 낸 와인으로 식전주에 이용된다.
- 칵테일(Cocktail) : 프랑스는 Kir Royal(샴페인+머루액), 미국은 맨하탄(Manhattan)이 칵테일 파티에 주로 이용된다.

2 식사시

- 전채 : 당도가 낮은 화이트 와인
- 스프 : 스프의 재료에 따라 결정하며 Sherry를 곁들일 수도 있다.
- 생선 : 일반적으로 드라이한 화이트 와인(스위트한 와인은 생선의 맛을 잃게 한다)
- 육류 : 일반적으로 빈티지가 있는 레드 와인을 권하고 단, 조리법이나 소

스에 따라 약간씩 달라진다.

- 샐러드 : 로제와인, 샴페인
- 과일과 디저트 : 포트 와인(Port wine), 디저트 와인(Dessert wine)과 함께 하면 좋다.
- 치즈 : 일반적으로 레드 와인이나 치즈의 종류에 따라 조금씩 달라진다.

[예]

이태리의 고르곤졸라(Gorgonzola)치즈는 이태리 와인 바롤로(Balolo)
영국의 체다(Cheddar) 치즈는 끼안띠(Chianti), 캘리포니아 진판델(Zinfandel)
프랑스의 브뤼(Brie)치즈는 강한 맛의 샤르도네(Chardonnay)
프랑스의 라커볼트(Reguefort)치즈는 쏘테른(Sautern)

③ 식후주

- 브랜디(Brandy) : 잔을 손바닥으로 따뜻하게 해서 마신다.
- 리큐어(Liquer) 혹은 포트 와인(port wine)

(8) 요리에 어울리는 와인

카르메네르, 말백, 소비뇽 블랑은 특히 신생대 지역을 대표하는 와인으로 칠레, 아르헨티나, 뉴질랜드의 대표 품종이며 음식과의 조화를 통해 다양하게 즐길 수 있다.

① 돼지갈비엔 '카르메네르'

짙고 붉은 자줏빛을 띠고 후추 같은 스파이시한 풍미와 체리, 라츠베리, 카시스 등 검붉은 과일 향도 풍부하다.

산도와 타닌(떫은 맛)은 적당한 수준이다. 육류, 그 중에서도 양념된 요리와 잘 어울리는데 여러 종류의 야채와 고기를 볶아 멕시코 고추, 달콤한 과일소스를 곁들인 퀴사디아와 토티야를 추천한다. 간장양념 돼지갈비구이, 갈비찜 같은 한식 요리와 즐기기에도 좋다.

② 담백한 수육엔 중후한 맛인 "말백"

깊은 자줏빛에 초콜릿 향, 플로랄 향, 달콤한 스파이시 향이 조화되어 있다. 풍부한 산도와 부드러운 타닌을 지닌 중후한 스타일의 와인이다. 양념을 적게 하고 소금만 뿌려 그릴에 구운 고기 요리나 담백한 찜 요리, 숯불 향이 나는 요리와 잘 어울린다. 한식 중에는 수육과 잘 어울리는 편이다.

③ 생선찜, 회를 먹을 때는 "소비뇽 블랑"

파프리카, 아스파라거스, 구스베리 등 신선한 과일과 채소 향이 특징으로 산미와 청량감이 풍부해 봄부터 여름까지 즐기기에 좋다. 원래 프랑스 루아르 지역의 대표 품종이었지만 보다 따뜻한 기후인 뉴질랜드로 넘어와 과육이 더 잘 익게 되었다. 가벼운 해산물 요리와 잘 어울리며 특히 생선찜, 전, 초밥, 닭고기 샐러드 등과 곁들이면 좋다.

(9) 남은 와인을 보관하는 법

와인 병의 코르크 마개는 공기를 흡수하는 성질이 있으므로 병을 세워놓으면 마개가 수축해 틈이 생기면서 밖의 공기를 흡수하게 된다. 공기 중의 산소는 와인을 산화시켜 술이 시어져 외부의 균에 부패되기도 하므로 와인은 15도 정도 뉘어서 보관한다. 남은 와인이 3/4 이상이면 코르크 마개를 다시 끼워 냉장 보관하며 보관한 와인은 이틀이 지나면 산화되므로 와인식초로 요리에 사용한다.

(10) 와인과 건강

와인은 인류에게 있어 가장 오래된 약이라고 일컬어지고 실제로 연구 결과에 의해 우리의 건강과 밀접한 관계가 있다는 것이 알려지면서 사람들 사이에서 즐거움을 동시에 주는 문화 코드를 가져다주었다. 와인을 마시면 좋은 점은 와인은 혈관을 확장시키는 역할을 해서 협심증과 뇌졸중을 포함한 심장병의 가능성을 줄인다고 한다. 레드 와인에는 HDL이라는 유용한 콜레스테롤이 있어서 나쁜 콜레스테롤을 없애주고 혈중 콜레스테롤을 낮추어주는 역할을 하며 소화를 촉진시키는 소화기능이 있어 와인을 마시면 위장액이 쉽게 분비되어 소화가 잘 된다. 또한 레드 와인에 있는 "폴리페놀"이란 성분은 바이러스를 없애는 역할이 있어 감기 예방에도 좋으며 와인 속의 미네랄은 여성에게 칼슘의 흡수를 도와주고 에스트로겐 호르몬을 유지하는 역할을 한다. 적당한 양의 와인은 나이 드신 분들에게도 노화방지와 정신적인 건강에 매우 좋다.

03 음주 매너

일반적으로 음주 문화에 있어서 서양과 우리나라의 가장 큰 차이점은 서양인들은 대화를 위해 술을 마시는 반면, 우리는 술을 마시기 위해 대화를 나눈다는 점이다. 앞으로 우리의 음주습관은 개선될 필요가 있다. 한국인은 술을 따를 때 윗사람일 경우 두 손으로 공손히 따른다. 일본인은 남자는 한 손으로 여자는 두 손으로 따르고 받고 있으며 서양인들은 남녀 모두 한 손으로 따르거나 받는다. 첫 잔은 여러 번에 걸쳐 조금씩 마시도록 한다.

1) 음주 매너

(1) 올바른 음주 매너

① 권하는 술을 거절하는 것은 실례가 아니다. 술을 전혀 하지 못하는 사람은 정중히 상대에게 양해를 얻도록 한다.

② 포도주, 맥주, 물 등의 음료는 손님의 오른쪽에서 서비스된다. 포도주 잔을 잡을 때는 글라스의 스템(Stem)을 쥐고 마신다.

③ 브랜디 종류는 글라스의 바디(Body)를 오른쪽 중지와 약지 사이에 끼우고 왼손으로 쓰다듬듯이 몸체를 감싸 쥐어 마신다.

④ 맥주를 받을 때는 글라스를 기울이지 않는 것이 바람직하다.

⑤ 연회가 무르익었을 때 건배를 하는 것이 서양식이라면 식사가 나오기 전 건배하는 것이 한국식이다.

(2) 와인 매너

① 와인은 요리와 함께 시작되어 디저트와 함께 끝내는 것으로 한다.
② 와인은 담백한 화이트 와인에서 묵직한 레드 와인으로 진행하여 마신다.
③ 음식에 따라 생선 요리엔 화이트 와인이 고기 요리엔 레드 와인이 잘 어울린다.
④ 와인은 주빈이 처음 테이스팅 하고 주문한 와인의 맛을 본 후 다른 사람들에게 서비스된다.
⑤ 와인 글라스의 와인의 양은 2/3 정도 따른다.
⑥ 와인 병은 뉘어 보관하여 공기가 들어가지 않도록 한다.

(3) 브랜디

① 브랜디는 와인을 증류시켜 걸러낸 술을 말한다.
② 보통 디저트와 함께 마신다.
③ 향을 코로 음미하면서 양손으로 감싸 쥐어 체온으로 데워 서서히 마신다.

(4) 위스키

① 위스키는 맥아, 옥수수 등을 원료로 만든 술이다.
② 스트레이트로 마시거나 언더 록 해서 마신다.
③ 우유와 함께 마시기도 한다.

(5) 칵테일

① 술과 과즙 음료를 혼합한 도수가 낮은 술이다.
② 식전 칵테일은 단맛이 제거되고 시큼한 신맛과 약간 쓴맛이 느껴지는 것이 이상적이다.
③ 식후 칵테일은 단맛이 나는 것이 적당하다.
④ 곁들어 나오는 레몬이나 과일 등은 그 자리에서 먹어도 좋다.

(6) 식전주(Apritif : 어페리티프)

① 프랑스어로 "어페리티프"인 식전주는 타액과 위액의 분비를 원활히 하고 식욕을 증진시키기 위해 빈속에 마시는 술이다. 술맛은 크게 나누어 드라이(Dry : 쌉쌀한 맛)와 스위트(Sweet : 단맛)로 구별하는데 식전주는 흔히 드라이한 술을 마신다. 베르무쓰, 셰리 등이 있다.

② 식후주는 식사 후에 마시는 술로 소화를 촉진시키기 위한 술이다. 식후주로는 대개 주정도가 높은 술을 많이 선택한다. 브랜디와 리쿠어가 있다.

04 동양식 테이블 매너

동양인의 기본예의는 유교의 인, 의, 예, 지, 신이다. 그 중에 예(禮)만을 위해서『주경』,『의예』,『예기』라는 경서가 있고 그 경서를 그대로 지켜온 것이 예의, 예식, 예법이다.

1) 각 나라별 테이블 매너

(1) 한식 테이블 매너

초청을 받았을 때는 기쁜 마음이어야 하고 주인은 친절한 안내를 해야 한다. 한국식 교자상에도 분명히 식사예절이 있다. 집에 초대받아 들어갈 때는 주인과 정다운 인사를 나누며 덕담을 즐긴다. 핸드백, 코트는 주인에게 맡기는 것이 좋고 아무데나 걸어놓는다든지 식사하는 장소에 가지고 들어가는 것은 결례가 된다. 식사 중에 자리를 떠나 결례가 되지 않도록 하고 미리 화장실을 다녀온 후 손은 반드시 씻는다.

① 식사 전에 주인이 술을 권할 경우 술을 즐기지 않더라도 일단 두 손으로 감사히 받아야 한다. 건배를 하면 한 모금 마시고 수저 끝 오른쪽에 놓는다.
② 수저는 너무 멀리 잡지 않고 수저 끝의 1/3 정도를 편안하게 잡는다.
③ 어른이나 중요한 손님을 모셨을 때는 윗분이 수저를 놓기 전에 수저를

놓지 않는다.

④ 음식을 먹을 때는 음식 타박을 하거나 먹을 때 소리 내지 말고 수저가 그릇에 부딪쳐서 소리가 나지 않도록 하며 수저로 반찬이나 밥을 뒤적거리거나 헤치지 않는 것이 좋고, 먹지 않는 것을 골라내거나 양념을 털어내고 먹지 않는다.

⑤ 식사가 모두 끝나면 반드시 수저를 정돈하여 수저 끝이 상밖에 나오지 않도록 놓는다.

(2) 중식 테이블 매너

중국식 식습관은 즐겁게 대화하면서 여유 있게 식사하는 것으로 식사를 통한 공동체 의식과 평등성이 엿보이는 테이블이다. 식사법에 대한 기록인 『예서』에는 인간의 예절은 음식으로 시작한다고 하여 좌식법, 식사 매너, 식기 놓는 법, 윗사람과의 식사법이 상세하게 기록되어 있다.

① 개인 접시와 젓가락을 사용하고 젓가락은 오른쪽에 세로로 놓고 젓가락 받침대는 좋은 의미를 나타내는 금붕어, 용, 박쥐 모양을 준비한다.

② 식탁 중앙에 있는 회전대를 돌려서 개인접시에 덜어먹으며 전체 인원 수에 대한 할당량을 생각해서 음식의 양을 더는 것이 좋다.

③ 술은 주인이 술 주전자를 주빈부터 차례로 손님 오른쪽으로 돌면서 따라주고 그 다음에 건배를 하는데 술을 마시지 못하는 사람은 처음부터 사용하지 말고 처음 잔은 받아서 입에 대는 것이 좋다.

④ 술 주전자와 차 주전자의 입 부분은 사람 쪽으로 향하지 않도록 한다.

(3) 일식 테이블 매너

일본 요리는 시각화 요리로 알려진 만큼 그 디자인성은 세계적으로 유명하다. 식탁차림은 평면배열이며 정찬용 식사는 본선요리(本膳料理)로 가장 격식 있는 형식을 갖고 있다. 일식은 목기를 많이 사용하는데 식기를 상처 내지 않기 위해 그릇을 손에 들고 요리를 젓가락으로 먹는다. 식기를 들고 먹는 만큼 가볍고 단단한 칠기를 주로 사용한다.

① 뚜껑을 열 때 밥그릇, 국그릇 등의 순서대로 열고 왼손으로 가볍게 받치면서 오른손으로 열어 상의 오른쪽에 둔다.

② 밥을 먹을 때는 밥그릇을 왼손에 들고 오른손의 젓가락으로 먹는다. 수저는 사용하지 않는다.

③ 국을 먹을 때는 먼저 국그릇을 두 손으로 들고 젓가락을 대고 국물을 한 모금 마신 다음 건더기는 젓가락으로 건져 먹는다.

사람은 색에 대해 좋아하고 싫어하는 느낌이 확실하기 때문에
각각의 개성에 맞는 컬러 선택이 무엇보다 중요하다.
개성을 살려 그 사람을 보다 아름답게 보이게 하기 위해서도
그 사람에게 맞는 색을 정확하게 분별하도록 해야 한다.
퍼스널 컬러는 자신의 얼굴 피부색에 어울리는
컬러 타입의 컬러 이미지와 스타일을 분석하는
외적인 면과 자신의 심리와 상황, 건강상태, 라이프스타일과
색채환경을 구성하여 휠링 컬러를 분석하는
내적인 면 등을 고려하여 가장 좋은 컬러를 선택하는 것이다.

8. 퍼스널 컬러 이미지

Personal Color Image

01 컬러의 개념과 기능

1) 컬러(Color)

컬러란 광원으로부터 나오는 빛이 물체에 비추어 반사, 굴절, 투과, 분해, 흡수될 때 인간의 시각계통을 통하여 감각되는 현상이다. 컬러는 빛에 의해 나타나는 특성이며 주변환경의 영향을 받아 바뀌거나 변하게 된다. 컬러의 사전적 의미는 빛깔이 있는 것으로 빛깔, 색깔, 색상으로 표현하며 이차적으로 사물의 독특한 개성이나 분위기, 혹은 그 느낌을 의미하기도 한다.

컬러에는 세 가지 속성이 있는데 색의 종류를 말하는 색상(Hue), 밝기를 나타내는 명도(Value), 색상의 포함 정도를 나타내는 채도(Saturation)가 있다.

(1) 색상(Hue)

색상은 흔히 프리즘을 통해 빛을 분광시켰을 때 나타나는 빨강, 주황, 노랑, 초록, 파랑, 남색, 보라색 등으로 크게 구분하지만 그 사이사이에 무수히 많은 색이 존재한다. 색상은 색채를 구별하기 위한 명칭이며 색을 갖고 있지 않는 순도가 없는 무채색과 유채색이 있고 유채색은 그 색이 어떠한 색을 갖고 있느냐에 따라 빨

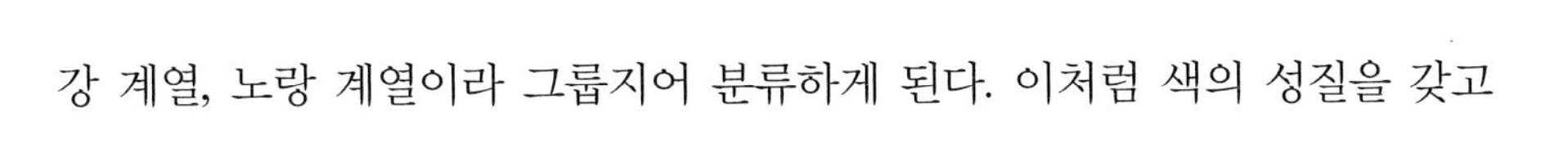

강 계열, 노랑 계열이라 그룹지어 분류하게 된다. 이처럼 색의 성질을 갖고 있는 것을 색상이라고 한다.

(2) 명도(Value)

명도란 색상의 특성을 나타내는 용어로 색의 밝고 어두운 정도를 표현하는 말이다. 즉 "색의 밝기"를 말하는데 밝은 명도는 틴트(Tint)라 하고 어두운 명도를 섀도우(Shadow)라 한다. 명도는 선명하지 않은 무채색을 기준으로 하고 완전한 검정색은 0으로 완전한 흰색은 10으로 표기한다. 빛을 반사하는 양에 따라 색의 밝고 어두운 정도는 달라지기 때문에 빛을 대부분 흡수하고 반사하는 양이 적을수록 어두운 색을 띠고 빛의 흡수가 적고 반사하는 양이 많을수록 밝은 색을 띤다.

(3) 채도(Saturation)

채도란 색의 선명함으로 그 강약의 정도를 말한다. 색깔의 종류를 나타내는 색상이나 밝고 어두운 정도를 나타내는 명도 외에 또 하나의 속성으로 색채 속에 색상이 포함된 정도를 말하는 것이며 색에 들어 있는 특정한 파장의 빛이 반사되거나 흡수되는 정도를 말한다. 색의 3요소의 한 가지로 유채색에만 있으며 순색에 흰색을 혼합할 때 순색은 흰색에 의해 명도는 높아지나 순색의 정도는 낮아진다. 즉 순색에 가까울수록 채도는 높고 다른 색을 혼합하면 채도는 낮아진다.

2) 컬러 이미지

컬러 이미지란 인간이 색채에 대해 가지고 있는 표상이다. 색채의 상징적 이미지는 생활양식이나 문화적 배경, 지역과 풍토에 따라 개인차가 심하고 애매하여 다양한 성질을 가지기도 하지만 한 국가나 민족, 문화별 혹은 전세계적으로 보편성을 띠기도 한다. 색채는 패션을 좌우하는 중요한 변인이 될 뿐 아니라 패션 이미지 형성에도 상당한 영향을 미치고 또한 체형의 결점도 보완해주는 역할도 하며 매력을 돋보이게 하는 호소력도 있다.

(1) 빨강(Red)

빨강색은 모든 색채 중에서 가장 강렬한 채도와 자극성이 강한 이미지를 갖고 있으며 감각과 열정을 자극하는 색으로 에너지를 느끼게 하는 긍정적 이미지가 있는 반면, 공격적이며 분노를 상징하고 현란함도 느끼게 한다. 의상에서의 빨강은 활동성과 기능성이 요구되는 캐주얼웨어에 많이 사용하고 포멀웨어에서는 강한 이미지를 표현하고자 할 때 액세서리 등으로 사용된다.

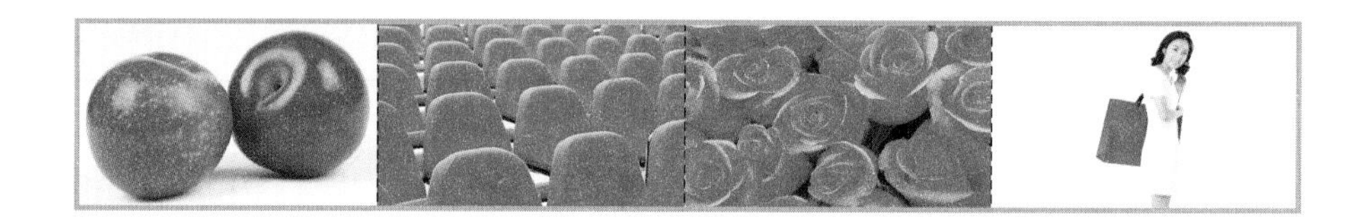

(2) 핑크(Pink)

분홍은 긴장을 풀어주는 색으로 이 색을 좋아하는 사람은 삶에 대해 긍정적 사고를 갖고 있다고 한다. 분홍은 순수하고 아기자기한 사랑을 상징하며 남성에게는 부드럽고 순수한 이미지를 주고 여성에게는 귀엽고 달콤한 소녀의 이미지 색으로 사용된다. 섬세하고 고상한 색의 이미지를 갖고 있으므로 약혼식이나 결혼식 피로연의 신부 예복으로 많이 쓰인다.

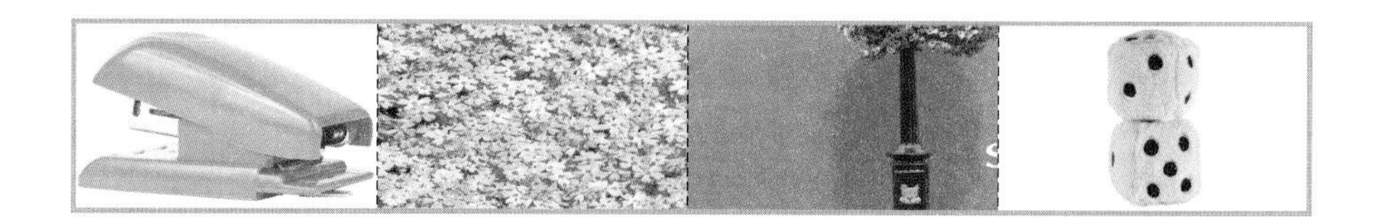

(3) 오렌지(Orange)

오렌지색은 따뜻하고 우아하며 친밀감을 나타내고 난색이며 팽창색이어서 주목성이 높은 색이다. 강렬한 태양의 색으로 남국적인 분위기가 나는 색이다. 오렌지는 그 자체의 색조와 명암으로 보색과 배색이 용이한데 파랑과 오렌지를 낮은 채도로 배색해도 좋다. 패션에서는 젊음을 상징하며 생기 있고 빛나는 색으로 검은 피부의 메이크업과 의상에 잘 어울린다.

(4) 노랑(Yellow)

즐거움과 유쾌함을 동시에 불러일으키는 색으로서 모든 색채 중에 채도와 명도가 가장 높아 안전을 위한 배색으로 사용하기도 한다. 핑크보다 더 명랑하고 밝고 신선하여 젊고 사교적인 이미지의 색이나 경박함과 질투, 지루함 등의 부정적인 느낌도 있다. 노란색을 좋아하는 사람은 개성 표현이 강하고 색상이 주는 화려함으로 시선을 집중시키는 데 사용하면 효과를 극대화시킬 수 있다.

(5) 녹색(Green)

자연의 풍부함과 휴식을 주는 색으로 건강, 싱싱함, 젊음, 활기, 신선함을 상징하며 감정적으로는 중성적으로 분류하고 모든 색 중에 차분한 느낌을 주는 색이다. 녹색은 편안한 스타일의 캐주얼웨어에 사용하면 효과적이나 녹색을 잘못 사용하면 세련되지 못한 느낌을 줄 수 있으므로 명도나 채도의 변화로 적절하게 응용해야 할 것이다. 푸른빛의 녹색은 유쾌하고 조용한 색으로 특히 청록색을 배경으로 하면 이미지가 돋보인다. 진녹색은 뚱뚱한 사람에게도 잘 어울린다.

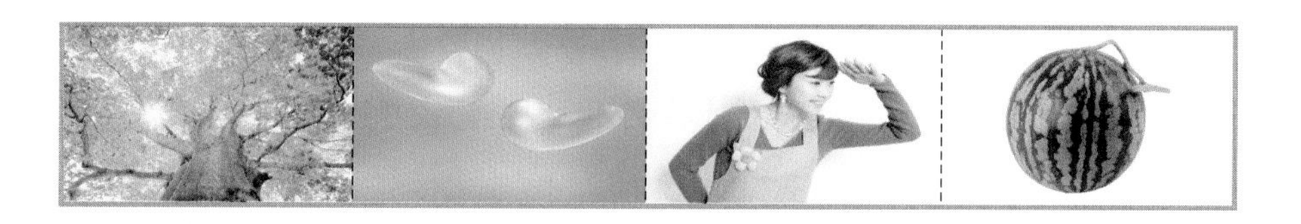

(6) 파랑(Blue)

파랑은 하늘이나 바다를 연상하게 하는 색으로 차갑고 청명하고 수동적이며 고요하다. 또한 파랑은 긍정적 이미지로 지성, 이성, 냉정, 평화의 느낌을 갖고 있어 지적인 이미지 연출과 수축성이 있어 날씬해 보이고자 할 때 필요한 색이다. 의상에서의 파랑은 많은 사람들이 선호하는 색으로 선명한 색은 리조트웨어에 사용하여 젊음과 시원함을 표현할 수 있고 어두운 색은 도시적인 이미지를 나타낸다. 비즈니스웨어로 가장 선호되는 색이다.

(7) 보라(Purple)

아름다운 색 중의 하나로 신비로운 이미지를 갖고 있다. 보라색은 우아하고 고상하게 보이는 반면에 사람에 따라서는 품위를 떨어뜨리는 역효과를 나타내기도 한다. 의상에서의 보라는 젊은 층보다는 주로 중년층에 사용되며 우아하고 여성스런 이미지를 표현하는 데 사용하면 효과적이다. 흰색과 혼합되었을 때는 화사하고 여린 이미지를 나타내고 검정과의 혼합에서는 신비스런 이미지를 더한다.

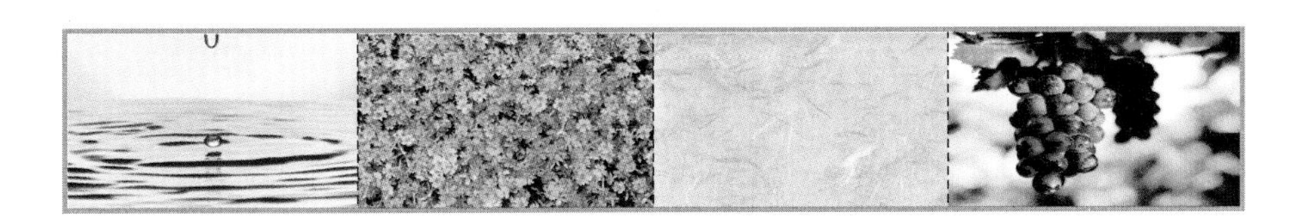

(8) 갈색(Brown)

갈색은 소박하고 성실하며 대중적인 색으로 나무, 대지, 가구, 땅, 낙엽을 연상시킨다. 갈색고유의 이미지가 전통과 근원을 상징하므로 의상에서는 중후한 분위기와 내추럴한 분위기를 내는 데 효과적이다. 밝은 갈색 의복은 수수하고 유한 이미지를 나타내고 딥 톤(Deep Tone)의 갈색은 중후함과 고풍스러움을 나타낸다. 하얀색이 섞인 갈색은 내추럴한 이미지를 나타내며 포멀웨어에 주로 사용한다. 최근에는 활동적인 커리어우먼들이 선호하는 메이크업의 베이직 컬러로 새롭게 활용되고 있다. 질 좋은 고급천일 때 그 아름다움과 우아함이 진가를 발휘하는 색이다.

(9) 흰색(White)

흰색은 순수, 청결, 천진, 청초함의 상징이고 청결함과 시원함을 주어 여름의복에 사용될 뿐만 아니라 웨딩드레스 등의 예복에도 사용된다. 흰색은 모든 색과 부드럽게 혼합되어 부드럽고 낭만적인 색상을 연출할 수 있고 많은 사람들이 선호하는 색으로 심플함과 세련미, 격조 있는 느낌을 표현하는 의상에 사용될 수 있다. 흰색은 적극적이며 화려하고 경쾌하며 밝고 고상해 보이기도 한다.

(10) 검정(Black)

검정은 고급스럽고 강렬한 색으로 품위와 화려함을 느끼는 반면 불안, 죽음, 어둡고 우울한 부정적인 느낌도 갖고 있는 가장 무거운 색이다. 의상의 검정은 젊은이들의 패션에 많이 사용하는데 이것은 검정이 가지는 모던함과 세련미 때문이다. 패션에서 검정은 체형을 보완해주는 색으로 흰색과 코디하면 모던한 이미지를 주고 황금색과 코디하면 화려한 이미지를 준다. 밝고 화려한 색과 잘 어울리며 개성적이고 기품 있고 섹시하며 날씬해 보이게 한다.

(11) 회색(Gray)

도시적이고 보수적이며 지적인 느낌이 있고 어떤 색과의 배색에도 잘 어울리는 특징을 가지고 있다. 회색은 연두색이나 빨강색, 파란색과 같은 강렬하고 극적인 색들의 완벽한 배경이 된다. 패션에서의 회색은 지적인 이미지를 가지며 남성복의 비즈니스 슈트 색으로 사용된다.

3) 기본색의 조합

(1) 베이지+블루 = 차분하고 시원한 감각

블루는 차가우면서 동시에 시원한 색이다. 그만큼 베이지 톤의 의상에 포인트로 사용하면 온화하고 정적인 이미지에 청량감을 주는 효과를 낼 수 있다.

(2) 베이지+그린＝우아한 여성미 표현

브라운이나 베이지 색상의 작은 씨앗이 잎을 피우면 초록 잎이 달린다. 그 잎이 달린 나뭇가지의 색상은 짙은 베이지 계열의 브라운이다. 베이지와 그린을 조합하면 편안하면서도 생명력 넘치는 자연을 표현하며 또한 연한 빛깔의 어린잎을 연상시키는 민트 계열이라면 우아한 여성미로 표현할 수 있다.

(3) 베이지+핑크＝화사하고 젊게 표현

기본적으로 베이지는 인간의 피부 톤과 가장 가까운 색상이다. 소녀들의 얼굴에 살짝 홍조가 돌았을 때의 느낌처럼 베이지와 핑크의 조합은 밝고 화사하면서도 젊어 보이는 효과를 낸다.

(4) 베이지+옐로우＝밝고 따뜻한 느낌

옐로우는 피부색이 노란 황인종에게는 다소 어울리기 힘든 색상이다. 그러나 피부 톤을 화사하게 받쳐주는 베이지 의상에 스카프나 구두, 가방의 색상을 옐로우로 하면 따뜻하고 밝은 느낌을 연출할 수 있다.

(5) 베이지+브라운＝지적인 아름다움의 추구

같은 계열의 색을 맞추는 톤 온 톤(tone on tone)의 방법이다. 명도와 채도를 어떻게 하느냐에 따라 온화한 멋과 지적인 아름다움을 골고루 표현할 수

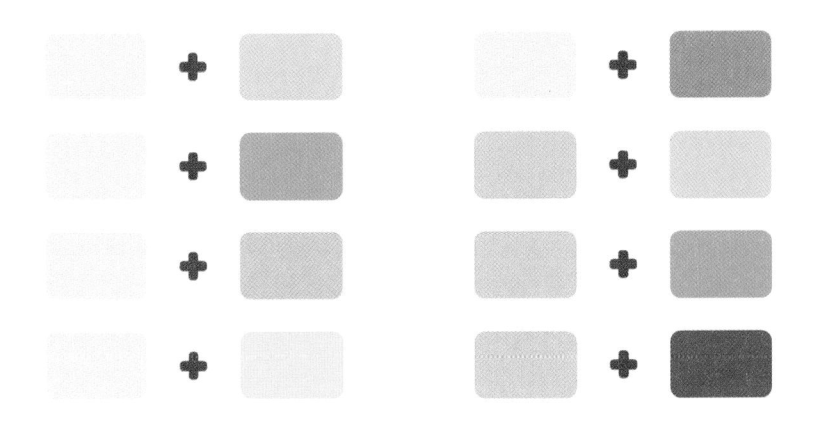

있다. 거친 질감의 면 또는 마 소재의 옷을 입고 플라스틱처럼 매끈한 질감의 액세서리를 조합해 서로 다른 매력을 교차시키는 것도 좋은 방법이 된다.

(6) 그레이+블루=지적인 생동감

그레이는 지적인 이미지가 강하나 때로는 지나치게 차분해서 가라앉아 보일 수 있다. 이럴 때 생동감 넘치는 밝은 블루 계열의 액세서리를 조합하면 깔끔한 이미지를 표현할 수 있다.

(7) 그레이+그린=세련되고 젊은 표현

그린은 맑고 깨끗하며 젊은 느낌이 강하다. 도시적인 이미지의 그레이와 자연의 대표 색상인 그린이 어울리면 정갈하면서도 스마트한 분위기를 연출할 수 있다.

(8) 그레이+화이트=활동하는 여성의 감각적 표현

커리어우먼의 프로 이미지가 완성될 수 있는 조합이다. 그레이 색상이 옅고 밝은 색이라면 특히 봄의 계절에 잘 어울린다.

(9) 그레이+퍼플=고결한 지성미

감성적인 빨강과 이성적인 파랑을 섞었을 때 얻어지는 보라색은 퍼플 계열의 대표적인 색상이다. 그레이와 어울리면 특히 지적인 이미지를 강조할 수 있다. 그러나 주의할 점이 있다면 두 가지 색이 모두 짙으면 자칫 무거워 보일 수 있으므로 가볍고 부드러운 소재를 선택한다.

4) 톤의 분류

톤이란 색의 느낌과 관계없이 명도와 채도를 하나의 개념으로 묶어 표현한 것으로 색의 이미지를 보다 쉽게 전달하여 색상이 달라도 톤이 같으면 닮은 이미지를 나타낸다.

(1) 화려한 톤

1 비비드 톤(Vivid Tone)

선명한 색조로 화려하고 강렬하며 어떤 종류의 무채색도 첨가되지 않은 "순색"으로 채도가 높고 선명하고 화려한 것이 특징이다. 의상에 있어 강한 색채 대비를 통해 대담한 표현과 자극적인 메시지를 전달하는 데 효과적이다. 자유분방한 이미지의 캐주얼웨어, 스포츠웨어 등에 적합하다.

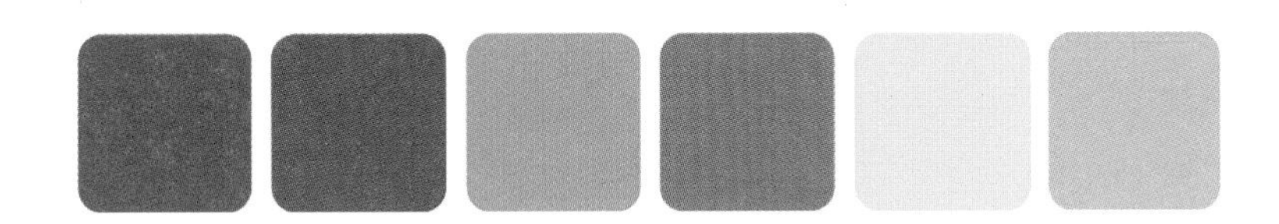

2 스트롱 톤(Strong Tone)

비비드 톤과 유사하지만 비비드 톤보다 선명도가 떨어지고 튼튼하고 실용적인 이미지를 준다. 스포츠 용품이나 포멀웨어 등에 적당하다.

(2) 밝은 톤

1 페일 톤(Pale Tone)

파스텔 톤이라고도 하며 사랑스럽고 감미롭고 꿈결 같은 분위기에 어울리는 색조로 여성적 이미지에 적합하다. 브라이트 톤에 흰색이 혼합되어 연한 것이 특징이다.

2 브라이트 톤(Bright Tone)

밝고 투명하며 톤 중에서도 가장 맑고 깨끗한 색조로 투명한 순색의 비비드 톤에 흰색이 조금 혼합된 밝고 맑은 톤으로 꿈과 희망을 주는 효과가 있다. 명랑하고 활발한 이미지의 느낌으로 캐주얼웨어나 포멀웨어 등에 적합하다.

(3) 수수한 톤

1 라이트 그레이쉬 톤(Light grayish Tone)

라이트 톤에 밝은 회색을 섞어 만든 톤으로 차분하고 성숙한 이미지와 은은하고 세련된 이미지를 나타낸다. 자연 소재에서 볼 수 있는 정적이고 간결한 색조로 도시 감각에 세련미를 좋아하는 여성에게는 쉬크한 컬러로 통한다.

2 그레이쉬 톤(Grayish Tone)

차분하고 수수한 이미지로 누구에게나 무난하게 어울리는 대중적인 톤이다. 비교적 색감이 적고 건조한 느낌을 주며 우울하고 침울하지만 침착하고 차분한 톤이다. 남성의 경우 비즈니스 슈트에 많이 이용된다.

3 라이트 톤(Light Tone)

브라이트 톤보다는 조금 더 밝고 온화한 색으로 선명하거나 화려하진 않지만 가볍고 부드러운 느낌을 주며 시원하고 상쾌한 느낌으로 언제나 편하게 즐기는 경쾌한 느낌의 의복에서도 자주 사용된다.

4 덜 톤(Dull Tone)

스트롱 톤에 중간 회색이 가미된 톤으로 유약을 칠하지 않고 그대로 구운

듯한 토기나 벽돌에서 느낄 수 있는 안정감이 깃든 색조로서 차분하고 고풍스런 고상한 이미지를 준다.

(4) 어두운 톤

① 딥 톤(Deep Tone)

비비드 톤에 검정이 섞인 깊고 중후한 이미지로 진한 것이 특징이다. 고급스럽고 클래식한 이미지를 표현할 수 있고 깊은 맛이 있다. 비비드 톤보다 진한 느낌을 주며 스트롱 톤보다 고상한 이미지를 가지고 있다.

② 다크 톤(Dark Tone)

검정이 섞인 어두운 색으로 팁 톤보다는 무거운 색조이다. 톤 중에서는 색이 가장 어둡다. 품위 있고 대담한 느낌과 안정된 분위기를 제공하는 색조이므로 다색의 배색에서도 효과적으로 활용할 수 있다.

5) 배색의 분류

색채에 의한 코디네이션은 2가지 이상의 색상을 개성 있게 조화시킴으로써 전체적인 시각적 효과를 상승시키는 역할을 얻을 수 있는 코디네이트의 방법이다. 즉 배색은 2가지 이상의 색을 서로 조합하여 패션의 이미지와 테마를 좀 더 효과적으로 표현하기 위하여 사용되는 방법으로 색상의 배색에 따라 다양한 표현이 가능하다. 동일 색상이나 동일 톤과 같이 서로 공통점이 있는 유사한 색상끼리 배색하거나 보색관계에 있는 색상들을 배색하는 것인데 대비 배색은 동일 배색이나 유사 배색에 비해 조화가 이루어졌을 때 미적으로 우수하고 강렬하여 현대 감각에 맞는 아름다움을 표현할 수 있다. 좋은 색채 배색을 하기 위해서는 색의 3속성과 톤 등 색이 갖고 있는 고유한 특성을 잘 이해하여 활용해야 한다.

(1) 동일색 배색

한 가지 색의 조화인데 다양한 명도와 채도로 변화시킬 수 있다. 차분한 느낌의 심리적 효과를 가진 것으로 생각되지만 명도 대비가 뚜렷하거나 선명한 채도를 가진 색을 조화시키면 자극적일 수도 있다. 의상에서는 채도의 변화를 주어 동일 색상으로 연출하면 무난한 배색 효과를 얻을 수 있다.

(2) 유사색 배색

비슷한 색끼리의 배색이므로 전체의 조화가 쉽게 이루어진다. 포멀한 모임 등의 의상에 활용할 수 있고 배색에 자신이 없는 사람에게 권할 만한 배색 방법이다.

(3) 보색 배색

색상환에서 180도 마주보고 있는 2가지 색의 조화이다. 빨강과 청록, 파랑과 주황, 노랑과 청보라 등이다. 보색 배색은 난색과 한색의 결합이며 서로의 색을 선명하게 해주는 특성을 가지고 있다.

(4) 액센트(Accent)

액센트 컬러는 배색 전체의 효과를 상승시키는 목적으로 사용할 수 있는데 색상, 명도, 채도, 톤 등 각각을 대조적으로 배색함으로써 가능하고 차지하고 있는 면적으로 보면 가장 작은 면적에 사용되지만 배색 중에서 가장 눈에 띄는 포인트 색으로 전체 색조에 긴장감을 주거나 시점을 집중시키는 효과가 있다. 의상이 전체적으로 지루하다고 느낄 때 포인트를 줄 수 있는 배색으로 코사지나 스카프를 활용하면 효과적이다.

(5) 세퍼레이션 배색

배색의 중간에 각 색의 효과를 두드러지게 하거나 완충시키기 위하여 세퍼레이션 컬러를 넣어 이미지를 바꿀 때 사용하는데, 예를 들어 배색한 의상이 엷은 색상으로 인접해 있어서 눈에 띄지 않을 때 두 색 사이에 짙은 세퍼레이션 색상을 배색하면 생동감과 리듬을 줄 수 있다.

(6) 대조(Contrast)

대조는 서로 반발하기 쉬운 색을 조합하는 것에 따라 하나의 조화를 얻어내는 방법으로 보색, 준보색, 반대색의 색상에서 얻을 수 있다.

(7) 그라데이션(Gradation)

그라데이션은 색상, 명도, 채도, 톤의 명, 암, 강, 약 각각의 요소 중에 규칙적으로 점점 변해가는 연속 리듬의 효과로 배색 전체의 통일적 조화를 얻어내는 방법이다. 3색 이상의 다른 배색에서 이런 효과가 나타나는데 색상의 자연적 변화와 명암단계의 단계적 변화는 그라데이션 변화의 전형적인 배색이다. 즉 어두운 색조에서 밝은 색조로 톤과 면적을 규칙적으로 변화시킨 그라데이션이다.

(8) 톤 온 톤(Tone on Tone)

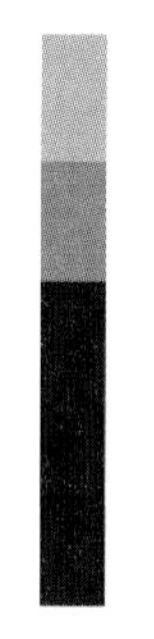

동일 색상에서 2가지 톤의 명도차를 비교적 크게 둔 배색으로 톤 온 톤 배색은 부드러우면서 정리되고 은은한 이미지를 표현하는 데 효과적이다. 밝은 베이지+어두운 브라운 또는 밝은 물색+감색 등이 전형적인 예다. 의상에서는 부드러우며 은은한 이미지를 표현하는 데 효과적이다. 즉 이 효과는 “톤을 겹친다”는 의미로 해석한다.

(9) 톤 인 톤(Tone in Tone)

유사한 톤에서 색상의 변화를 살린 배색이다. 이 배색은 톤의 선택에 따라 강하고 약한, 가볍고 무거운 등의 다양한 이미지를 연출할 수 있다.

02 퍼스널 컬러 이미지 메이킹

사람은 각기 개인마다 어울리는 색상을 갖고 있는데 본인의 얼굴에 맞는 색을 접하게 되면 얼굴색이 밝아져 젊고 건강하게 보인다. 하지만 그 반대일 경우 얼굴색이 칙칙하고 우울해 보인다. 특히 여성이라면 자신에게 어울리는 색상을 잘 알고 있어야 하며 자신에게 맞는 컬러를 찾는 일은 아주 중요하다. 퍼스널 컬러 이미지 메이킹이란 개인의 신체 색(피부 · 헤어 · 눈동자)에 따른 색채 유형과 각각의 이미지 스타일에 따라 개인이 추구하는 이상적인 이미지를 표현하는 커뮤니케이션 수단이다.

1) 컬러 진단방법

컬러진단은 색채학 교수인 스위스 태생의 요하네스 이텐 교수에 의해 주장된 이론으로 그는 저서에서 말하길 "자연계의 사계절은 모든 색채의 원천이며 조화가 있으므로 그 의미하는 것을 깊이 관찰해야 하고 개인이 선택하는 색에는 주관적인 특성이 있고 그 특성은 내면을 이끌어내는 것인 동시에 어울리는 색상이다"라 역설하였다. 즉 개인의 피부색이나 눈동자 색, 머리카락의 색을 분석한 후 사계절의 색상으로 분류된 테스트 천을 얼굴 가까이 드레이핑 해보면 개인에게 어울리는 색상을 알 수 있다는 것이다. 따라서 퍼스널 컬러 진단은 개인의 신체 색상을 기본으로 하여 컬러 패브릭을 드레이핑하여 어울리는 색과 어울리지 않는 색을 찾아 진단하면 된다.

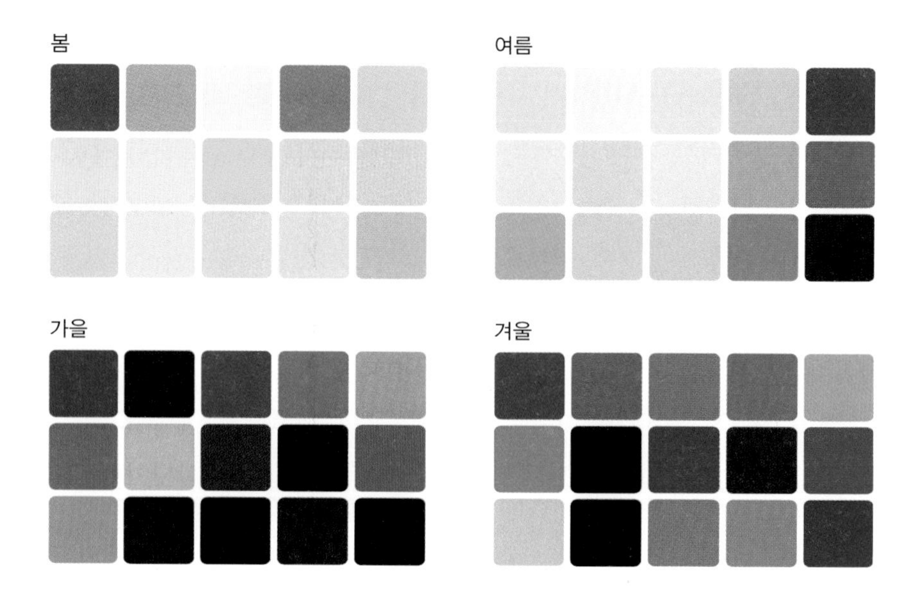

(1) 진단방법

① 자연광이 있는 오전 10시에서 오후 3시가 적당하다.
② 메이크업을 하지 않고 맨얼굴로 진단한다.
③ 머리색을 감추기 위해 흰색 헤어밴드를 준비한다.
④ 봄, 여름, 가을, 겨울 사계절 색상의 천을 각각 얼굴에 대보면서 얼굴색의 변화를 관찰한다. 진단은 1시간을 넘기지 않아야 한다.
⑤ 안색이나 컨디션이 좋지 않을 때는 실시하지 않는다.
⑥ 정확한 진단은 3인 이상이 평가・분석하면 좋다.

(2) 개인에게 어울리는 색의 기준

색이 어울리면 얼굴색이 화사해 보이고 혈색이 좋아 보이며 얼굴의 잡티도 옅게 보인다. 인상이 부드러워 보이고 젊게 보이는 것이 특징이다. 이와 반대로 색이 어울리지 않으면 얼굴색이 칙칙하게 보이고 푸른빛이 돌며 얼굴에 있던 잡티가 짙게 보이고 인상이 강해 보이며 얼굴색에 통일성이 없어 보여 부분적으로 누렇게 보이거나 붉게 보이거나 한다.

(3) 드레이핑 포인트

[1] 봄(Spring)

생기가 느껴진다. 봄은 여름처럼 눈 밑에 핑크빛이 돌고 겨울의 어두운 색인 검정이 너무 강하게 보인다. 밝은 코럴색이 잘 어울리고 산뜻한 순백의 컬러들이 어울린다.

[2] 여름(Summer)

여름 타입의 사람들은 가을색인 겨자색(mustard)을 대어보면 거의 대부분 어울리지 않는다. 파스텔 톤의 색들과 그레이 색상이 섞인 색조 중 부드러운 색상들이 어울린다. 여름은 얌전하고 조용한 느낌이며 동양인과 한국 사람에게 많은 편이다.

[3] 가을(Autumn)

가을은 봄의 밝은 코럴(coral)색이 어울리지 않고 미디엄 골덴 브라운과 착콜 그레이의 양쪽이 어울린다. 그린 빛의 피부를 가진 사람은 대부분 가을이나 겨울의 올리브 피부와 혼돈하지 말아야 한다.

[4] 겨울(Winter)

올리브 피부색을 가진 겨울은 보다 선명한 립스틱이 어울린다. 겨울의 눈동자에는 상큼한 느낌이 있고 겨울과 가을사람은 볼에 붉은빛이 없다.

(4) 드레이핑 할 때 주의할 점

① 어울리지 않는다고 생각되는 색의 테스트 천을 대본다.

② 강한 색이 어울리는 사람은 어느 계절에나 있다.
③ 옐로우 계열로 드레이핑 할 때는 다른 테스트 천이 없는 상태에서 새로 시작한다.
④ 햇빛에 얼굴이 탄 직후에는 붉은 계열이 잘 어울리며 볼 부위가 붉게 타면 많은 경우 여름처럼 보일 수도 있다.

(5) 자가진단법

① 옷장을 열어 즐겨 입는 옷과 좋아하는 컬러의 옷을 분류한다.
② 단색의 옷을 얼굴 가까이 대보고 어울리는 색상과 어울리지 않는 색상을 구분한다. 얼굴색의 변화를 통해서 본래의 피부색보다 환하게 얼굴이 작게 보이거나 자신의 단점이 드러나지 않는 색상의 옷을 분류하며 또한 무늬가 있는 색은 바탕색 중에 주조색을 보고 테스트 해본다.
③ 어울리는 색상 위주로 분류한 옷의 컬러가 어떤 톤인지 확인한다. 계절색에 맞추어 본다. 노란빛과 황색 빛이 돌면 따뜻한 색 계열의 사람이고 흰빛과 푸른빛이 어울린다면 차가운 색 계열이 어울리는 사람이다.
④ 메이크업의 컬러 선정은 잘 어울리는 색의 의상에 맞게 선택한다.

(6) 퍼스널 컬러에 따른 효율적인 외모 관리방안

① 자신에게 어울리는 베스트 컬러(Best Color)와 워스트 컬러(Worst Color)를 정확히 인식해야 한다.
② 유행보다는 개성 있는 연출을 해야 한다.
③ 자신의 바디라인(골격, 체형, 근육, 얼굴의 윤곽, 신체의 실루엣 등)을 파악하고 있어야 한다.
④ 피부 및 체형관리를 꼼꼼히 해야 한다.
⑤ 언제나 피부결과 머릿결을 윤택하게 하도록 노력한다.
⑥ 선명하고 깨끗한 이미지를 연출한다.

03 퍼스널 컬러의 유형에 따른 사계절 이미지 (Four Season Color)

1) 화사하고 귀여운 봄 타입의 특성

상대의 마음을 열게 하는 온화한 이미지(경쾌, 발랄한 스타일)를 갖고 있다.

(1) 얼굴 이미지

봄사람의 이미지는 따뜻하다. 얼굴의 이미지가 온화하고 생기가 있어 봄사람(Warm Image)라고 한다. 첫인상부터 상대에게 호감을 주는 타입이며 표정이 풍부하고 낙천적이며 주위의 분위기를 잘 리드하는 편이다. 특유의 부드러움과 친절함 때문에 많은 사람들로 인기를 끌 타입이다. 나이가 들어도 젊어 보이는 장점을 가지고 있다. 세일즈맨의 직업을 가진 사람은 크게 성공할 수 있다. 봄의 대표적 색은 모든 색에 노랑색이 섞여 따뜻한 느낌을 준다.

(2) 피 부

피부색은 맑은 노란빛을 띠고 있으며 희거나 아이보리, 갈색 피부 톤에 노란기가 돈다. 투명하고 윤기가 나며 햇볕에 노출되면 곧 타버리는 타입이기 때문에 얼굴에 잡티가 생기기 쉽다.

(3) 헤 어

머리카락은 대체로 눈동자 색과 비슷한 갈색이며 노란빛이 감돌고 굵은 편이며 윤기가 많이 난다. 오렌지 빛이 감도는 모발로 오렌지 그린 계열의 모발로 컬러링할 수 있고 검정색이나 회갈색, 와인 계열, 블루 계열은 이미지를 강하게 보이게 하므로 피한다.

(4) 눈

갈색의 눈, 올리브색 눈동자와 눈빛에서 생기가 돈다. 웃지 않고 가만히 있어도 웃는 눈의 이미지를 가졌다. 녹색, 푸른색, 골든 갈색의 노란빛이 감돈다.

(5) 체 형

대개 키가 작은 편이며 둥근 체형에 많다.

(6) Color

봄의 색은 전반적으로 따뜻한 느낌을 주는 부드러운 컬러가 어울린다. 모든 색에 노랑이 섞인 색으로 선명하고 부드러운 파스텔 컬러나 봄 컬러 팔레트를 참조하여 생기 있는 매력을 부각시킬 수 있다. 어울리지 않는 컬러는 순백색, 검정색, 갈색 계열, 푸른색 계열 등이다.

(7) Make Up

큐트하고 로맨틱한 이미지를 살려서 밝고 화사한 느낌으로 표현하며 피부 표현은 맑고 투명하게 하고 눈썹은 너무 짙지 않은 갈색이나 회갈색으로 한다. 아이섀도우는 의상이나 입술 색에 맞추어 라이트 카멜(Light camel), 오렌지(Orange), 피치(Peach), 애플 그린(Apple green) 등의 색으로 칙칙하지 않게 표현한다. 입술의 색상은 오렌지(Orange), 클리어 새먼(Clear salmon), 피치(Peach), 라이트 브라운(Light brown)으로 밝게 표현한다.

(8) Fashion Style

산뜻하고 밝은 느낌의 형광색, 노란기 도는 회백색과 광택 나는 공단으로 만든 옷을 입으면 옷의 부드럽고 따뜻한 빛이 반사되어 피부색에 잘 어울린다. 밝은 이미지를 연출하기 위하여 아이보리나 브라운을 기본 색조로 하되 선명한 색의 노랑이나 오렌지, 보라색은 액센트 컬러로 사용한다. 낭만적 이미지와 여성스러움을 살리기 위해 밝은 노랑, 밝은 오렌지의 가벼운 소재를 활용하는 것이 좋고 스포티한 이미지를 연출할 때는 원색의 그린 계열과 오렌지색, 밝은 색의 블루진 등을 활용한다.

(9) 남성의 V-Zone

남자의 슈트 색은 네이비, 갈색, 회색 등을 선택하는데 따뜻하고 부드러운 색의 셔츠에 따뜻하고 선명한 컬러의 타이를 매면 더욱 깔끔하고 산뜻해 보인다. 넥타이는 작고 귀여운 견본(마름모), 작은 점들, 체크무늬 등이 좋다.

(10) 액세서리

크기가 작고 귀여운 스타일로 골드 계열 중 밝고 선명한 색, 남성의 넥타이핀은 반짝이지 않는 황금색이 좋다. 아이보리 계열의 진주, 산호, 에메럴드, 터키석, 황동석이 좋다. 금속 액세서리가 잘 어울리는데 그 중에서도 황금이 가장 잘 어울린다. 전체적으로 무겁고 큰 느낌보다는 가볍고 작은 스타일로 귀엽고 밝은 느낌으로 표현하는 것이 좋다.

(11) 안 경

노란색 계통부터 중간 갈색, 오렌지색, 연어색의 테, 빛나지 않는 금색, 무게감이나 두께감이 있는 라이트 골드, 옐로우, 피치색의 무게감이 적은 것으로 연출한다.

(12) 향 수

달콤하면서도 깨끗한 느낌의 플로랄 향과 후르츠 계열로 은은하면서도 가벼운 향이 어울린다.

2) 부드럽고 인상 좋은 여름 타입의 특성

지적이면서도 기품 있는 세련된 이미지(부드러움, 엘레강스, 쉬크함, 화려함)를 갖고 있다.

(1) 얼굴 이미지

여름사람의 이미지는 다소 차가우면서도 부드러운 느낌을 겸비한 이지적 분위기로 다른 사람에게 친근감을 주고 얼굴의 이미지가 시원시원하며 흔히 여름사람을 'Elegance Image'라고 한다. 단아하고 지적이며 귀족적이고 기품이 있어 만인에게 호감을 주고 이목구비가 반듯한 백인에게 많이 볼 수 있다. 우아한 이미지를 가진 우리나라 남성에게선 약간 이국적인 이미지가 풍기고 주위 사람에게 편안함을 주는 장점이 있어 가장 바람직한 이미지라 할 수 있다. 사업가라면 협상 테이블에서 많은 플러스 이미지 효과를 얻을 수 있다.

(2) 피 부

여름사람의 피부색은 마치 파우더를 바른 것같이 뽀송뽀송하고 피부는 흰빛을 띠면서 뽀얗거나 붉은 기(핑크빛 느낌)가 돈다. 피부에 윤기가 없을수록 우아한 이미지의 성향이 강하다고 할 수 있다. 햇볕에 잘 타지 않고 곧바로 붉어졌다가 며칠이 지나면 원래의 피부색으로 돌아온다. 얼굴이 금방 빨개지기도 하며 우리나라 사람에게 많은 타입이다. 얼굴색은 얇은 피부를 갖고 있으며 흰빛과 푸른빛이 돈다.

(3) 헤 어

머리카락이 얇고 부드러운 검은색이며 윤기가 나지는 않는다. 여름사람 중 머리색이 너무 검으면 부드러운 갈색으로 염색하면 이미지가 훨씬 좋아진다. 블루 베이스의 색이 잘 어울리는 여름 타입은 블루 계열, 자연갈색, 회갈색, 와인색 등으로 컬러링할 수 있다. 로즈 브라운, 그레이 브라운, 와인 블랙, 다크 브라운, 청회색, 자색 등이 어울린다.

(4) 눈

푸른 눈동자와 연하고 짙은 갈색을 띠고 있으며 눈빛이 부드러워 상대에게 친절함과 편안함을 준다. 부드러운 눈빛의 여성적인 이미지이다.

(5) 체 형

전반적으로 골격이 가는 편이며 다리가 길고 균형이 잡힌 체형이다.

(6) Color

여름 색엔 모든 색에 파랑과 흰색이 들어 있다. 차가운 색인 파스텔 블루(하늘색), 청회색, 파스텔 핑크, 은색, 아이보리 계열이 가장 잘 어울린다. 전체적으로 색이 가라앉은 느낌의 차가운 색을 적절하게 배색하면 맵시 있어 보인다. 피부색의 밝기와 색상의 밝기는 비례하므로 피부가 밝으면서 뽀얗고 붉은빛을 띠면 흰색이 많이 섞인 파스텔 색상이 잘 어울리고 피부색이 어두우면서 붉은빛을 띠면 회색이 약간 석인 파스텔 색상이 어울린다. 여름사람에게 다홍색, 오렌지색, 개나리색, 황금색 등의 튀어 보이는 강렬한 원색은 최악의 컬러이고 새하얀 순백색이나 검은색도 우아한 얼굴의 이미지를 딱딱하게 보이게 한다.

(7) Make Up

여성스럽고 엘레강스한 이미지로 검은 피부를 제외하고는 아이섀도우와 입술은 짙게 표현하지 않는다. 파스텔 톤의 화사함과 내추럴함을 살린 메이크업, 펄감이 있는 메이크업이 잘 어울린다. 피부 표현은 은은한 핑크빛으로 표현하면 자연스럽다. 아이섀도우는 로즈 베이지(Rose beige), 코코아(Cocoa), 베이비 핑크(Baby pink) 등으로 부드럽게 표현하고 입술 색상은 로즈 베이지(Rose beige), 코코아(Cocoa), 베이비 핑크(Baby pink), 플럼(Plum) 등이 좋다.

(8) Fashion Style

패션은 울이나 캐시미어 등의 고급 소재로 만든 슈트를 입어야 우아한 이미지가 더욱 돋보인다. 옷감은 볼륨감 있는 옷감으로 비단, 인조모슬린, 고급 삼베, 부드러운 세무가죽, 윤이 나는 우단 등이 좋고 스타일은 엘레강스한 세미정장 스타일이나 내추럴한 스타일이 잘 어울린다.

(9) 남성의 V-Zone

남성은 비즈니스시 파스텔 암청색이나 암회갈색 슈트 속에 흰색 셔츠를 입고 중간색 계열의 파스텔 컬러로 조화를 이룬 꽃무늬의 타이를 매면 잘 어울린다. 이때 무늬는 너무 튀지 않는 것이 좋다. 드레스 셔츠는 소프트 화이트, 스카이 블루, 베이비 핑크 등의 푸른색이 베이스로 되어 있는 컬러를 사용하고 오렌지 계열은 피한다. 넥타이는 소프트한 색상이 잘 어울리나 때로는 겨울 색상으로 포인트를 주는 것도 좋다.

(10) 액세서리

액세서리는 블루 계열로 부드러운 이미지가 잘 어울린다. 실버 계열도 잘 어울리며 광택이 있는 것 보다 무광의 것이 어울린다. 백금, 루비, 아쿠아마린, 토파즈, 터키색 등 푸른 계열이 좋다.

(11) 안 경

파스텔 컬러(파란색 베이스), 오팔색, 회색, 무광의 실버, 로즈 브라운, 라이트 그레이, 퍼플, 회갈색, 분홍색, 밝은 청색 등이 좋다.

(12) 향 수

시원한 느낌의 후레쉬한 향, 플로랄 계열, 민트향, 조지 알마니의 "Aqua de Gio", 랑콤의 "Miracle", 불가리, 겐조 등이 좋다.

3) 분위기 있는 가을 타입의 특성

모든 것을 포용해 주는 편안한 이미지(내추럴함, 고즈넉함, 클래식함, 에스닉함)를 갖고 있다.

(1) 얼굴 이미지

얼굴의 이미지가 자연스러워 가을사람(Natural Image)이라 한다. 분위기 있는 남자의 이미지를 떠올려 본다. 깃털처럼 부드럽고 포근한 이미지를 지니고 있다. 상대에게 자연스러움을 주므로 세일즈를 할 때 의외의 성과를 올릴 수 있는 것이 장점이다.

(2) 피 부

피부의 느낌은 베이지색(탁한 노란빛), 크림색으로 윤기가 없고 볼에 혈색이 없어 푸석푸석하다. 햇볕에 잘 타는 피부라 잡티가 잘 생기고 특히 아플 땐 안색이 나빠지므로 최상의 컨디션을 유지하는 데 신경을 써야 한다. 갈색에 붉은빛이나 황색 빛이 나는 피부이다(황색톤, 청동색 바탕, 짙은 베이지색).

(3) 헤 어

머리카락은 가늘고 중간 갈색, 짙은 갈색, 흑갈색을 띠며 윤기가 없고 푸석푸석한 느낌을 준다. 혹은 레드 브라운, 골드 브라운, 블랙 브라운 컬러이다. 브론즈 계열의 컬러링이 잘 어울리고 회색이나 블루, 밝은 황갈색, 와인색은 피하는 것이 좋다.

(4) 눈

눈의 표정이 부드럽고 포근하다. 눈동자의 색은 황갈색이나 짙은 갈색을 띠며 깊고 어두운 색이 많고 눈빛이 약하다.

(5) 체 형

알맞게 살이 오른 얼굴과 마찬가지로 체형도 적당히 살집이 있다.

(6) Color

가을색은 모든 색에 노랑과 검정을 섞은 색이며 따뜻한 느낌을 준다. 전체적으로 자연의 색상으로 가을의 시골 풍경을 연상하게 하는 누렇게 익은 황금빛 벼색, 올리브 그린, 밤색, 카키색 등의 따뜻한 톤이 잘 어울린다. 어울리지 않는 컬러는 차가운 색의 대표색인 파랑과 순백색, 회색, 검정색의 모든 무채색과 따뜻한 원색과 핑크 계열의 색, 형광색 등이다. 가을사람은 컬러에 차가운 기가 많을수록 볼품없어 보이므로 주의해야 한다. 골드빛의 노랑, 구리빛, 카멜색, 카키색, 올리브 그린 등이 잘 어울린다.

(7) Make Up

봄 타입의 색조보다는 차분하고 풍부한 색감을 표현하며 내추럴하고 스모키한 메이크업, 클래식한 메이크업이 잘 어울린다. 피부 표현은 내추럴 베이지 계열로 차분하게 표현한다. 아이섀도우는 커피 브라운(Coffee brown), 다크 세먼 브라운(Dark salmon brown), 모스 그린(Moss green), 머스타드(Mustard), 딥 피치(Deep peach), 새먼(Salmon) 등의 색으로 차분하고 깊이 있는 이미지로 표현한다. 입술 색상은 커피 브라운(Coffee brown), 다크 세먼 브라운(Dark salmon brown), 딥 피치(Deep peach), 새먼(Salmon), 다크 오렌지(Dark orange)로 표현한다.

(8) Fashion Style

광택이 나지 않고 옷감의 질감을 느낄 수 있는 옷이 분위기를 높여준다. 니트는 편안하고 자연스러워 부드러운 이미지와 더없이 잘 어울리는 소재이다. 굵게 직조된 옷감, 모직, 앙고라털, 빌로드, 윤기 없는 우단, 골덴(Cord)이

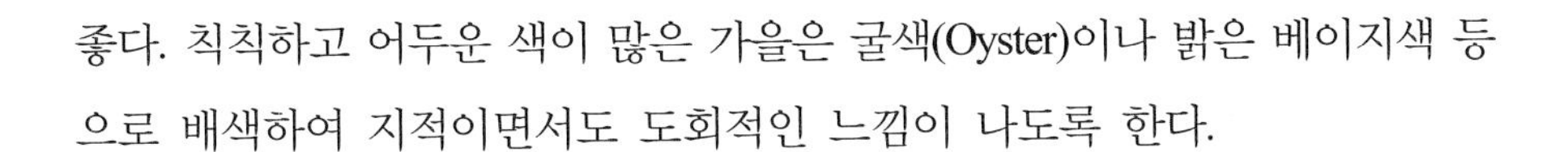

좋다. 칙칙하고 어두운 색이 많은 가을은 굴색(Oyster)이나 밝은 베이지색 등으로 배색하여 지적이면서도 도회적인 느낌이 나도록 한다.

(9) 남성의 V-Zone

비즈니스 정장으로는 자연스럽고 부드러운 베이지와 브라운을 잘 조화시켜 남성의 매력을 한층 더 높일 수 있고 좀 더 중후한 이미지를 연출하고 싶을 땐 암갈색, 흑색 등 딥 톤 컬러(Deep Tone Color)의 슈트를 입으면 더욱 신뢰감을 준다. 셔츠는 오이스터 화이트, 웜 베이지 등의 황색이 베이스로 되어 있는 컬러를 사용할 수 있고 블루 계열의 색상은 피한다. 넥타이는 명도와 채도가 낮은 황색 계열과 그린 계열의 색상이나 스코틀랜드 풍의 편물 넥타이도 좋다.

(10) 액세서리

가을사람은 금, 동의 액세서리가 잘 어울린다. 이밖에 나무, 상아, 가죽 등의 자연재료로 만든 것도 무난하다. 짙고 화려한 것, 광택이 없는 황금색, 황동구리, 목재색으로 액세서리는 딱딱하고 작은 것보다 자연스럽고 부드러운 스타일로 연출하도록 한다.

(11) 안 경

구리, 따뜻하며 밝은 갈색, 쇠의 녹색, 광택의 황금색, 짙은 색상, 카키, 베이지 브라운, 골드의 안경이 잘 어울리는 편이다.

(12) 향 수

짙고 풍부하며 따뜻한 향, 머스크 향을 지닌 오리엔탈 향, 샤넬의 코코, 크리스찬디올 "Poison"이 가을 이미지를 갖고 있는 사람에 좋다.

4) 섹시하고 도시적인 겨울사람의 특성

남성들이 추구하는 카리스마를 지닌 민첩한 이미지(도시적 대담함, 화려한 스타일)를 갖고 있다.

(1) 얼굴 이미지

얼굴의 이미지가 차가운 얼음을 연상하게 해 겨울사람(Cool Image)이라 한다. 딱딱한 도시적 이미지로 강렬한 이미지를 주므로 처음 보는 사람에게 편안함을 주지는 못한다. 하지만 깔끔하고 단정하여 주위 사람들로부터 주목받기에 충분하나 가장 이미지가 좋지 않은 계절색이다.

(2) 피 부

피부색은 푸른빛이 살짝 도는 피부와 푸른빛을 띠는 검은 피부, 흰 피부, 노르스름한 피부가 있다. 이들의 피부색은 차가운 느낌을 준다. 햇볕에 비교적 잘 타고 원래 색으로 돌아오는 데도 오랜 시간이 걸린다. 피부에 기미, 주근깨도 잘 생기며 햇볕에 타면 황동색으로 변한다. 주로 동양인과 흑인에게 많다.

(3) 눈

눈동자는 검은빛이 많이 도는 암갈색으로 눈에서 빛이 난다. 눈의 흰자위는 투명하면서도 희고 선명하다. 따라서 눈빛은 차갑고 강렬한 이미지를 준다. 짙은 파란색, 회색, 흑갈색이다.

(4) 헤 어

머리카락은 검은빛이 많이 도는 흑청색으로 윤기가 많고 머리카락이 굵다. 짙은 갈색, 흑색, 흰머리 등이다.

체형은 보통이거나 날씬하고 자세가 올곧다. 매사에 자신감이 있지만 예민한 성격이다.

(6) Color

겨울사람은 순백색과 검정색이 가장 잘 어울린다. 겨울의 대표적인 색은 대부분 청색 계열이며 옅은 톤으로는 청블루와 청회색, 청보라, 네이비, 아이스핑크 등 투명한 얼음 이미지에 걸맞은 차갑고 선명한 색이 잘 어울린다. 또한 샤프한 인상으로 비비드한 컬러(Vivid color)가 잘 어울린다. 어울리지 않는 컬러는 베이지색, 밤색, 오렌지색, 다홍색, 개나리색 등으로 얼굴을 더욱 누렇게 떠보이게 한다. 흐릿하면서도 따뜻한 계열의 색이나 희끗희끗한 느낌을 주는 컬러 소재는 깔끔한 이미지의 매력을 희석시키므로 피한다.

(7) Make Up

겨울은 검은 눈을 더욱 빛나게 하기 위해 확실한 비비드 톤으로 뚜렷한 인상을 좋게 하는 것이 좋다. 명암, 농담의 차를 두어 대비를 주면 좋다. 원 포인트 메이크업과 아이시한 느낌의 메이크업도 잘 어울린다. 피부 표현은 핑크 베이지(Pink beige), 로즈 베이비(Rose baby)로 표현한다. 눈썹은 다소 짙은 듯하게 해도 샤프해 보여 좋다. 아이섀도우는 실버 그레이(Silver gray), 로얄 블루(Royal blue), 블루 그린(Blue green), 딥 레드(Deep red), 아이시 퍼플(Icy purple) 등의 색상으로 선명하고 깊이 있는 눈매를 연출한다. 입술 색상은 딥 레드(Deep red), 마젠타(Magenta), 버건디(Burgundy), 퍼플(Purple) 등으로 뚜렷하게 표현한다.

(8) Fashion Style

선명도를 최대한 살려서 배색하며 모던한 이미지 연출시에는 무채색을 주조색으로 한다. 차분하고 세련된 이미지를 위해서는 명도가 낮은 청색 계열이나 회색 계열 등을 활용한다. 패션은 격식을 갖춘 비즈니스웨어를 가장 잘 소화시킨다. 디너파티가 있을 경우 검은색 벨벳 드레스에 순백색의 모피를 두른다면 겨울사람 최상의 이미지가 연출된다.

(9) 남성의 V-Zone

남성의 경우 슈트는 검정색, 회색, 감색이 어울리고 셔츠는 퓨어 화이트, 블루 계열, 회색 계열 외에도 푸른빛이 베이스로 되어 있는 핑크, 그린 등의 아이시 컬러를 사용한다. 넥타이는 드레스 셔츠의 컬러 색상에 맞추어 선택할 수 있으나 겨울 타입 이미지에는 선명한 색상이 좋다. 그래픽 무늬의 넥타이나 체크무늬, 강한 문양이 대체로 어울리는 편이다.

(10) 액세서리

액세서리는 모던하고 심플한 스타일로 색상은 단색 계열로 포인트를 준다. 블랙 & 화이트, 실버, 네이비, 마젠타의 강렬한 색으로 조화를 준다. 골드나 브라운 계열은 피한다.

(11) 안 경

심플하고 장식이 없는 것, 실버, 그레이, 블랙이나 무테, 흑색, 백색, 흑갈색, 청색, 보라색, 은테, 백색, 가지색, 짙은 갈색, 포도주색 등이 좋다.

(12) 향 수

차가운 계열의 머스크 향, 현대적이고 개성적인 감각을 표출, 조르지오 알마니, 캘빈클라인 “Obsession”, “Gucci”, “DKNY”, “Boss” 등이 있다.

04 사계절 Make Up

1) 봄 메이크업

산뜻하고 발랄함, 생명감, 생동감의 느낌으로 가볍고 화사하게 표현한다. 색조는 고명도, 저채도의 파스텔 톤으로 노란색이 가미된 원색과 브라이트, 라이트, 페일, 비비드 톤이 주류를 이룬다. 유사색 대비나 부드러운 보색 대비를 이용한다. 봄 이미지의 대표 컬러는 옐로우(Yellow), 그린(Green), 핑크(Pink) 계열이다.

(1) 베이스 메이크업

베이스는 액상 타입을 이용하여 차분하고 투명감 있게 표현하고 양 조절로 인한 입체감을 표현한다.

(2) 아이 메이크업

섀도우는 가로 터치로 표현하고, 브로우는 약간 두껍고 짧은 상승형으로 면 강조의 눈썹으로 그려준다. 라이너는 펜슬이나 포인트 섀도우로 라인을 표현해주며, 마스카라는 투명 마스카라를 사용한다.

(3) 립 메이크업

립은 연하고 밝은 고명도, 저채도의 컬러를 사용하여 곡선으로 그려준다.

(4) 치크 메이크업

치크는 눈 가까이 곡선형의 터치로 은은하고 자연스럽게 표현한다.

2) 여름 메이크업

시원하고 상쾌한 이미지로 표현을 하며 건강함과 활동적, 동적인 이미지로 표현할 수 있고, 자극적이고 자연극복적인 표현도 가능하다.

색조는 초여름의 경우에 중명도, 고채도의 컬러로 선명한 유사색을 사용하고, 한여름의 경우에는 어둡고 탁한 저명도, 고채도의 컬러를 이용하는데 보색 대비에 펄을 가미해도 좋다. 여름 메이크업의 대표적인 질감은 파우더리한 질감으로 표현하고 방수효과를 위해 팬케익 또는 트윈케익을 사용한다. 여름 이미지의 대표 컬러는 블루(Blue), 오렌지(Orange), 화이트(White) 계열이다.

(1) 베이스 메이크업

베이스는 다갈색의 피부를 표현하기 위해 골드 펄 입자가 함유되어 있는 것을 사용하기도 한다. 얇고 자연스러운 입체감을 표현하며 자외선 차단 효과와 수분에 강해야 하므로 방수제품을 사용한다.

(2) 아이 메이크업

섀도우는 한 부분만 포인트를 주며, 브로우는 조금은 뚜렷하고 선명한 상승형의 눈썹으로 표현해준다. 라이너는 방수용의 비닐 타입인 리퀴드 아이

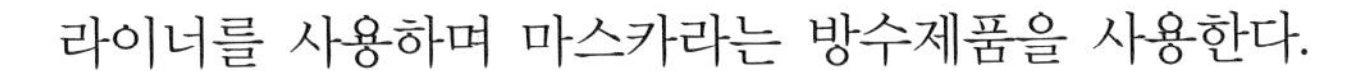
라이너를 사용하며 마스카라는 방수제품을 사용한다.

(3) 립 메이크업

립은 스트레이트 커브로 선명하게 레드 컬러를 이용하거나 은색, 보라색 펄을 이용하여 질감을 표현해주기도 한다.

(4) 치크 메이크업

치크 표현은 메탈릭한 펄의 핑크 컬러 브러셔로 마무리한다.

3) 가을 메이크업

침착하고 차분한, 지적이고 사색적인, 풍요롭고 안정감 있는 이미지를 표현하는 메이크업이다. 주로 사용되는 색조는 브라운, 카키, 다크 옐로우, 다크 오렌지, 골드, 벽돌색 등의 가을 분위기가 풍기는 색감을 주로 사용하여 유사색 대비를 한다. 가을 이미지 대표 컬러는 브라운(Brown), 골드(Gold), 카키(Khaki) 계열이다.

(1) 베이스 메이크업

베이스의 경우 컨실러로 부분적 결점을 커버하고, 크림 타입으로 약간은 커버력 있고 차분하게 표현하며 아이보리나 베이지 계열의 웜 톤(warm tone)을 사용한다.

(2) 아이 메이크업

아이는 섀도우의 범위를 넓혀 다색을 사용하며, 그라데이션을 철저히 해준다. 브로우는 직선적인 느낌이 나도록 그려주고, 라이너는 가늘고 길게 그려 정적인 분위기를 연출하며 마스카라는 풍부하게 표현을 해준다.

(3) 립 메이크업

립은 자연스러운 스트레이트 커브로 길이를 강조시키며 부드러운 색조를 사용한다.

(4) 치크 메이크업

치크는 광대뼈 밑으로 터치해주며 오렌지나 브라운 계열을 사용한다.

4) 겨울 메이크업

따뜻하고 밝은, 여성적이고 성숙한 그리고 심플한 이미지로 표현한다. 따라서 사용되는 중심 색조는 딥 레드, 적갈색, 와인계 등의 난색 계열과 고채도, 저명도의 색조이고 유사색을 많이 사용한다. 겨울 메이크업의 질감을 표현하기 위해서는 하드 크리미 타입으로 스킨커버나 스틱 파운데이션을 사용한다. 겨울 이미지 대표 컬러는 와인(Wine), 딥(Deep), 레드(Red) 컬러 계열이다.

(1) 베이스 메이크업

베이스의 두께는 의상의 두께와 비례하므로 다소 두꺼운 느낌이 들도록 하는데 평소보다 약간 밝게 하여 혈색 있는 피부를 표현한다.

(2) 아이 메이크업

섀도우는 컬러를 다색으로 많이 사용하지 않고 명도 대비 효과 정도만 나도록 입체감을 표현해준다. 브로우는 선이 강조되는 메이크업이므로 강조

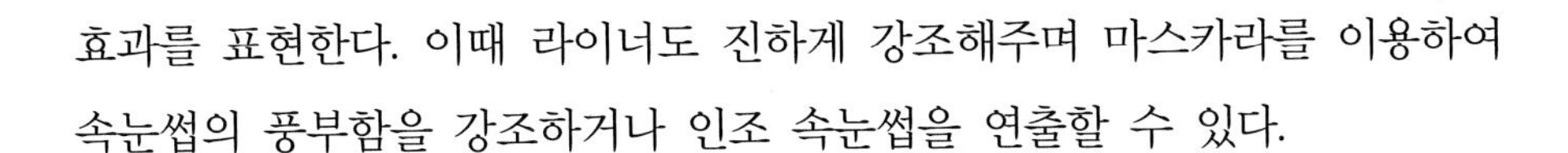

효과를 표현한다. 이때 라이너도 진하게 강조해주며 마스카라를 이용하여 속눈썹의 풍부함을 강조하거나 인조 속눈썹을 연출할 수 있다.

(3) 립 메이크업

아이보다는 립이 강조되는 메이크업이므로 립 메이크업에 중점을 둔다. 입체감을 강조하고, 겨울철 입술 보호의 목적으로 립글로스를 사용하기도 한다.

(4) 치크 메이크업

치크는 사계절 중에 가장 강조하는 시기이므로, 수정효과보다는 건강미와 혈색을 강조한다.

21세기 들어 트렌드는 다양한 감성의 복합적 요소를 지니는
이미지와 컬러가 공존하면서 자유롭게 등장하고 있고,
그 욕구심리가 유행에 동조하면서
새로운 것을 찾게 되고 따라서 유행은 새로운 트렌드를 요구하고
그 트렌드에 의한 유행이 창조되고 존속된다고 할 수 있다.
특히 패션 트렌드는 시대의 다양한 변화와
소비자의 가치관에 의하여 다양하게 표현되고 유행된다.

9. 트렌드 이미지

Trend Image

01 트렌드(Trend)

트렌드는 일정기간 동안의 사회 전반적인 흐름을 지칭하는 것으로 "경향" 이나 "동향"의 의미로 사용되는 용어이다. 그런 의미에서 보면, 패션에서는 트렌드를 찾는 것이 중요하며 정화하게 미리 예측해 보는 것도 대단히 중요한 일이다. 패션에서의 트렌드란 디자인, 소재, 색상, 무늬, 실루엣, 아이템, 코디네이트 등의 항목에 따라 다음 시즌의 패션을 예측한 것이다. 따라서 트렌드는 미리 예측되는 것이기 때문에 새롭게 등장하는 색상이나 스타일, 맵시 있게 입는 센스를 소개하고 유행을 예측하여 패션계의 변화와 흐름을 찾는 노력이 필요하다.

21세기 들어, 트렌드는 다양한 감성의 복합적 요소를 지닌 이미지와 컬러가 공존하며 자유롭게 등장하고 있다. 또한 그 욕구심리가 유행에 동조하면서 새로운 것을 찾게 되고 유행이 새로운 트렌드를 요구하면서 그 트렌드에 의한 유행이 계속 창조·존속되고 있다. 결국 패션 이미지란 옷차림의 분위기 혹은 개성으로 입는 사람의 취향과 미의식이 표현된 것으로서 의복, 액세서리, 소품, 헤어스타일, 메이크업 등을 포함한 종합적인 이미지를 반영하게 되는 것이다.

1) 클래식 이미지(Classic Image)

고전적이고 전통적인 스타일로 규범적이고 보수적인 성향을 지니고 있는 반면에, 고풍스럽고 안정감과 품위를 지향하는 패션 스타일에 의해 연출되는 이미지로 교양 있는 지성미를 연출하여 개성을 중요시한다.

(1) 패션 이미지

디자인은 비교적 단순한 편이며 색채나 소재의 미묘한 변화로 유행에 관계없이 오랫동안 지속적으로 입혀 온 베이직한 슈트 스타일이다. 남성복 스타일의 테일러드 슈트, 샤넬 슈트, 가디건 스웨터, 폴로 코트, 진바지 등이 대표적인 클래식 의상으로 소재는 벨벳이나 따스한 느낌의 트위드, 고급 소재인 울 등이 적당하며 색상 대비가 약한 체크무늬나 스트라이프를 활용한다.

(2) 컬러 이미지

색상은 유행에 민감하지 않은 무채색과 브라운 등 기본색을 주로 하며 짙은 계열의 색이 주를 이룬다. 깊이 있는 색, 어두운 색, 그레이쉬한 색 각각에 고전적인 분위기가 있어 목적에 따라 배색 변화에 중점을 두면 좋다.

(3) 헤어 & 메이크업

절제된 느낌의 원 포인트 메이크업이 적당하다. 눈은 풍부한 색감으로 깊이 있게 표현하여 베이지 브라운, 그레이 등 안정감 있는 차분한 중간 톤의 아이섀도우를 사용하고 립 컬러는 지성미가 느껴지는 브라운 계열이나 와인 컬러를, 치크 컬러는 옅은 브라운을 사용하여 볼 뼈의 밑 선을 강조하듯 사선 방향으로 터치해준다. 헤어스타일은 심플하고 말끔하며 정돈감 있어 보이도록 웨이브가 들어가지 않고 볼륨감만 있는 중간 길이의 보브 스타일, 옆 가르마를 한 레이어드 단발머리가 잘 어울린다.

2) 엘레강스 이미지(Elegance Image)

엘레강스는 불어로 "우아한, 고상한, 맵시의 뜻을 지닌 용어로 여성 미의식의 원점이라고 할 수 있는 성숙한 여성의 아름다움이 표현되는 트렌드이다. 세련되고 고상하며 위엄 있고 품위까지 느껴지는 고급스런 느낌을 주어 색상이 차분하면서도 화려한 배색이 잘 어울리고 라이트 톤, 소프트 톤 등이 주를 이룬다. 성숙한 여성의 아름다움이 표현되는 트렌드로 여성적인 곡선을 강조한 절제된 디자인으로 성숙미와 고급스러움을 표현한다.

(1) 패션 이미지

부드럽고 정돈된 라인의 우아하고 품위 있는 형태로 최소한의 디테일을 사용한다. 기본 실루엣은 모래시계를 길게 늘여놓은 것 같은 형태이다. 부드러운 곡선을 살린 드레스, 타이트한 플레어스커트의 심플한 슈트가 대표적이며 소재는 광택이 있는 고급스러운 벨벳, 새틴, 실크가 주로 사용된다. 샤넬 슈트, 크리스찬디올의 뉴룩, 이브닝드레스가 대표적 아이템이다.

(2) 컬러 이미지

컬러는 크림, 그레이, 베이지, 파스텔이나 투명감 있는 컬러를 사용한다. 또한 블랙, 네이비, 차콜 등의 짙은 컬러로 고급스런 느낌이 나도록 한다.

(3) 헤어 & 메이크업

피부 톤은 그린 톤이나 핑크 톤의 메이크업 베이스를 사용하고 한 톤을 밝게 하여 화사하게 표현한다. 눈은 우아한 눈매를 위해 눈썹을 부드럽게 둥글리면서 길게 표현하고 아이섀도우 색상은 퍼플, 와인, 로즈 브라운 등으로 연출한다. 입술은 로즈, 와인 다크 계열로 성숙한 여성미를 표현하며 헤어스타일은 업스타일로 볼과 어깨를 드러내거나 자연스런 웨이브로 드레시한 이미지를 연출한다. 화려하고 다양한 색상을 활용하기보다 원 포인트 메이크업으로 여성의 이미지를 돋보이게 한다.

3) 로맨틱 이미지(Romantic Image)

여성스러움을 강조한 로맨틱 이미지는 완숙한 아름다움보다는 낭만적이고 소녀같이 달콤하고 순수한 이미지로 표현한다. 성인이 된 후에도 향수처럼 잊지 못하는 감성을 패션에서는 기능성보다 장식성으로 더 강조하여 프릴이나 리본 등의 장식적 디테일과 레이스 직물이나 부드러운 질감의 소재, 꽃무늬와 같은 부드러운 감각으로 표현되는 장식성이 중요한 여성적 패턴을 강조한다.

(1) 패션 이미지

여성스럽고 사랑스러운 귀여운 느낌의 의상으로 인체의 부드러운 곡선을 표현하는 감각적인 스타일이며 주로 보일, 쉬폰, 오간디 등의 부드럽고 가볍게 비치는 소재 등이 이용된다. 꽃무늬, 체크물방울 무늬, 레이스, 리본장식과 같은 패턴을 사용한다. 언더스커트, 페티코트, 퍼프슬리브, 부팡스커트 등으로 여성스러운 이미지를 표현한다.

(2) 컬러 이미지

옐로우, 핑크, 블루, 오렌지, 퍼플 등을 다양하게 사용하며 또한 생기 있는 것을 표현하기 위해 채도가 높은 색을 사용한다.

(3) 헤어 & 메이크업

피부 톤은 피치 톤과 핑크 톤을 가미하여 밝고 화사한 이미지로 연출하며 눈은 다양한 파스텔 톤의 샤이닝 펄을 이용하여 환상적이며 신비롭게 표현한다. 입술은 오렌지나 핑크 계열로 글로시하게 처리하여 사랑스럽게 표현한다. 헤어는 롱 헤어스타일이나 웨이브가 있는 헤어밴드 사용으로 귀여운 이미지를 표현하고 리본이나 핀으로 장식한다.

4) 에스닉 이미지(Ethnic Image)

민속 풍에 자연스럽고 토속적이며 소박한 이국적 스타일로 각 나라의 민속복이나 민족복에서 영감을 얻어 신비의 세계에 대한 호기심으로 표현된 의상이다. 에스닉 이미지란 패션에서는 색다른 취미를 추구하는 패션 감각으로 옷맵시에 이국적인 무드가 살아있는 스타일을 말한다. 에스닉(Ethnic)은 엑조틱(Exotic)과 비슷한 말이라 볼 수 있는데 좀 더 좁은 의미로 해석하면 엑조틱은 열대지방의 민족풍 이미지와 가깝고 에스닉은 동남아와 중동, 유럽의 민족풍 색채가 강한 것이다.

(1) 패션 이미지

자유분방한 스타일로 화려하고 강렬한 색상들과 독특한 문양의 자연소재를 기본으로 구겨지고 낡은 듯한 느낌의 레드, 브라운, 베이지 등 에스닉한 컬러의 낡고 바랜 듯한 이미지에 오리엔탈리즘(Orientalism), 엑조틱(Exotic), 트로피컬(Tropical), 포클로어(Folklore) 패션이 포함된다. 대표적 아이템으로 차이니즈드레스, 기모노, 인도의 사리 등 각국의 민속의상과 나뭇잎, 동물 뼈 등의 액세서리가 있다. 천연섬유, 민속적인 전통 소재, 자연을 모티브로 한 사실적 문양이나 기하학적 문양, 추상적 문양 등이 많이 사용되고 나라의 풍속이나 민족을 상징하는 색채의 배색이 많이 사용된다.

(2) 컬러 이미지

에스닉이란 민족의 풍습이나 관습의 의미로 그 민족에게는 보통이지만 다른 사람에게는 이질적인 이미지가 된다. 이질적인 느낌을 내기 위해서 깊이가 있는 색을 주로 배색한다.

(3) 헤어 & 메이크업

피부 표현은 다갈색으로 표현하기 위해 다크 베이지를, 눈썹은 직선적 느낌을 표현하기 위해 블랙 계열을 사용하며 눈은 색조보다 라인을 강조한다. 입술은 붉은 입술이 대표적이며 오렌지나 붉은 갈색으로 펄 감이 있게 하거나 글로시하게 한다. 헤어는 양 갈래로 묶거나 여러 갈래로 땋은 스타일이 좋다.

5) 모던 이미지(Modern Image)

모던은 "현대적", "근대적"이라는 의미로 한마디로 표현하면 진보적인 스타일이다. 보편적 가치보다는 특별한 가치를 쫓고 평범하고 대중적인 것보다는 색다른 개성을 쫓는 감성이 모던이다. 현대적인 샤프함과 세련된 감각의 미래지향적이며 도회적인 이미지와 지적인 여성의 의미를 지니고 있다. 근대적인 의미라는 것은 패션에서는 여분의 장식을 생략한 날카롭고 세련된 감성을 표현한다. 진취적이고 개성적인 이미지를 추구하고 따뜻한 색보다는 무채색을 주로 사용하여 차갑고 하드한 느낌과 도회적 감각을 살려 표현한 스타일이다. 라메, 개버딘 등의 직물이 많이 쓰인다.

(1) 패션 이미지

모던 타입의 패션은 도시의 패션답게 샤프하고 차가운 느낌을 주는 쿨한 인상이 특징이다. 모던 이미지의 의상은 장식성을 배제한 심플한 디자인이 주를 이룬다. 직선적인 형태가 많으며 소재는 무늬 없는 단색이 중심이나 기하학적인 무늬나 대담한 무늬가 사용되어 세련되고 성숙하게 표현한다.

(2) 컬러 이미지

모던의 컬러 이미지는 도시의 색상을 닮아 회색이나 검정의 무채색을 주로 사용하여 도회적이고 세련되게 표현한다.

(3) 헤어 & 메이크업

무채색의 배색, 심플한 의상 등에 맞추어 장식을 배제하고 피부 표현은 엷은 베이지 톤으로 파우더 메이크업은 하지 않고 글로시한 느낌을 주고 청・회색 계열의 컬러를 주로 사용해 차가운 느낌으로 연출한다. 혹은 펄 감이 있는 컬러를 이용해 눈 위아래를 굵은 아이라인으로 표현한다. 입술은 펄이 많이 들어간 다크 계열로 도회적 이미지를 부각시킨다.

6) 내추럴 이미지(Natural Image)

내추럴 이미지는 자연에서 느끼는 휴식과 같은 편안함과 온화함을 주는 이미지이다. 평화롭고 친근한 이미지로 개성이 강한 사람이 착용하면 부드럽고 자연스러운 느낌을 준다.

(1) 패션 이미지

자연의 아름다움과 전원생활을 추구하는 자유롭고 소박한 패션으로 편안한 실루엣이다. 천연 소재를 주로 사용하며 따뜻하고 부드러운 소재를 이용한 자연스러운 스타일이다.

(2) 컬러 이미지

내추럴 이미지를 표현하려면 정감 있고 편안한 느낌의 연한 갈색이나 다양한 톤을 조화시켜서 자연에서 느껴지는 소박함을 표현한다. 내추럴 색상은 소프트한 색상이 주를 이루는데 자연의 색상으로 중채도, 저채도의 빛바랜 듯한 색과 황토색, 골든 베이지, 카멜, 카키 계열이 사용된다.

(3) 헤어 & 메이크업

자연에서 느껴지는 소박함을 지닌 메이크업 패턴으로 자연의 흙빛과 풀잎의 색을 지닌다. 피부는 건강하게 보이도록 표현하며 입술은 중간 정도의 자연스러운 골드 브라운 계열이나 오렌지 계열이 무난하다. 헤어는 자연스러운 웨이브로 긴 머리가 어울린다.

7) 스포티 이미지(Sporty Image)

자유롭고 편안하며 활동적인 젊은 감성으로 밝고 건강한 이미지를 연출할 수 있는 것이 스포티이다. 기능성과 활동성을 중시한 스포츠웨어가 대표적이며 기능성과 편안함을 일반 의복에 도입한 활동적이고 간편한 스타일이다. 70년대 후반 파리의 젊은 디자이너들이 스포츠웨어에서 영감을 얻어 캐주얼 패션을 선보임으로써 스포츠 패션의 밝은 인상을 심어주어 전 세계에 스포티한 감각의 캐주얼을 유행시켰다.

(1) 패션 이미지

자연스러운 실루엣으로 어깨선도 자연스럽고 허리선도 거의 박스형이거나 조금 들어간 정도가 좋다. 단순한 디자인부터 밝고 선명한 캐주얼 디자인에 이르기까지 다양하다. 소재는 촉감이 부드러운 울, 면, 데님, 니트 등이 좋고 스포티한 느낌의 강한 패턴, 발랄한 느낌의 화려한 무늬가 많다. 선명하고 강한 대비, 원색이나 파스텔 톤으로 생동감과 운동감을 주어 가볍고 유쾌하게 나타낸다.

(2) 컬러 이미지

레드, 블루, 옐로우 등의 원색이 주로 사용되며 파스텔 톤이나 그린, 핑크, 산호색, 네이비, 카키, 흰색, 브라운, 골드, 올리브 등의 중간 톤이 사용된다.

(3) 헤어 & 메이크업

메이크업은 신선하고 투명감 있는 이미지로 원래의 피부 톤보다 조금 짙게 하여 건강미를 부각시키고 아이섀도우는 상쾌한 이미지를 주기 위해 예로우, 오렌지, 핑크, 그린 계열을 중심으로 전체적으로 넓게 펴바르고 아이라인으로 선명하게 그려준다. 입술은 강렬하게 립 라인을 살려 표현하고 오렌지나 레드 톤으로 마무리한다. 헤어는 자연스럽고 건강미 넘치는 쇼커트나 짧은 헤어스타일로 건강하고 활동적인 이미지를 연출한다. 또한 챙이 있는 스포츠 모자나 헤어밴드로 활동적이고 쾌활하게 표현한다.

8) 매니쉬 이미지(Mannish Image)

매니쉬란 남성적이란 의미를 갖는 스타일로 사회활동이 활발해짐에 따라 여성적인 나약함을 숨기고 독립성이 강한 남성적 이미지를 부각시킨 것이다. 최근에는 자립심이 왕성한 여성 미의식의 발로로 매니쉬 패션을 선호하는 경향이 강한데, 품위와 격조의 상징으로 표현된다. 남성 테일러드 슈트를 비롯하여 마린 룩(해군복), 밀리터리 룩(육군 복장), 넥타이, 화이트 셔츠가 대표적이다.

(1) 패션 이미지

재킷과 팬츠, 셔츠, 블라우스로 구성된 슈트가 주된 형태이고 직선적이고 단순하다. 색상은 남성적 이미지의 무채색, 네이비 계열로 그레이쉬 톤이나 딥 톤을 사용한다. 소재는 무지나 스트라이프, 체크 패턴의 개버딘, 저지, 가죽, 울, 면 등이 이용되고 활동성과 건강미를 포함한 강한 여성의 이미지 연출에 좋다. 남성 전용의 모자나 넥타이 스타일을 도입하여 남자와 동일한 복장을 하는 것을 댄디풍이라고도 한다.

(2) 컬러 이미지

따뜻한 색보다는 남성적인 이미지의 차가운 색상이 잘 어울린다. 침착하고 어두운 색의 배색이 된다.

(3) 헤어 & 메이크업

피부 표현은 얇고 가볍게 연출하고 또한 조금 어두운 톤으로 건강미를 표현해주는 것도 좋다. 메이크업은 눈 화장을 베이지 컬러로 표현하고 회색, 카키, 브라운 계열의 펜슬 타입으로 눈매를 강하게 나타낸다. 립 컬러는 자연스런 표현일 때는 누드 컬러로 하고 강하게 표현할 때는 짙은 와인 컬러로 해도 좋다. 헤어는 남성적 이미지의 짧고 깔끔한 헤어스타일과 약간 진한 헤어 컬러로 능력 있고 강한 여성의 이미지를 표현한다.

의복에 대한 지식과 이해는 시대정신을 반영하며
사회적 관념과 사고방식, 가치관 및 문화적 경험 등이
어떤 방향으로 변화하고 있는지를 알 수 있고
사람들은 옷차림이라는 시각적인 전체의 모습에서
보여지는 태도나 행동을 통해
성별, 나이, 성격, 호감도, 이미지,
취향, 직업, 사회적 지위 등을
파악하거나 연상하게 한다.

10. 패션 이미지

Fashion Image

01 패션의 이해

사회 내에서의 정보 확산은 구성원들의 커뮤니케이션에서 이루어진다. 패션은 단순히 입는 차원이 아닌 자기를 상징적으로 표현하는 커뮤니케이션 수단이다. 시즌마다 새로운 스타일이 한 사회 내에 소개되는데 새로운 스타일은 새로운 정보를 담고 있기 때문에 패션의 확산과정은 패션정보의 확산과정인 것이다. 즉 옷을 입는 사람과 옷을 보는 사람 사이에 커뮤니케이션이 활발히 일어나는 것이라 이해할 수 있다. 패션 이미지 관리는 자신이 개인에 가장 적합하고 합리적인 패션으로 개인의 불완전한 부분을 보충적으로 표현하여 완성된 이미지를 사회에서 인지시키는 것이며 현대사회에서는 "패션도 전략이다"라는 말이 나올 정도로 패션의 중요성을 강조하고 있다.

학자들이 연구를 통해 본 오늘날의 옷이 상징하는 의미는 다음과 같다.

① 옷은 전통과 종교의식의 보존도구 역할을 한다.
② 옷은 자아미화(自我美化)를 위해 사용된다.
③ 성적 정체성과 관행에 관한 문화적 가치 또한 옷을 통해서 보강된다.
④ 권위와 역할이 옷을 통해서 차별화된다.
⑤ 옷은 신분의 표시와 획득에 이용된다.

1) 신 체

(1)골격 및 근육에 따른 분류

1 내배엽(Endomorphy)

비만형, 내장형으로 큰 상반신과 가슴을 지니고 있으며 부드럽고 둥근 체형으로 소화기관이 발달되어 있다. 성격은 사교적이며 향락적, 애정이 풍부하다. 피부는 부드럽고, 성격은 다혈질이며 사교적, 낙천적이나 지구력이 부족하고 감정적인 편이다.

2 중배엽(Mesomorphy)

평균 몸매와 근육, 혈관조직이 발달한 체형이다. 성격은 자기주장적이며 권력욕, 모험심이 강하다. 피부는 두껍고 거친 것이 특징이며 강인한 의지와 소신력, 추진력이 있는 반면, 무뚝뚝하며 유연성과 친근감을 느끼기는 어렵다.

3 외배엽(Ectomorphy)

꼿꼿하고 깡마르며 골격이 튀어나와 있으며 피부, 신경계가 발달되어 있다. 근육이 섬세하고 약한 사람이다. 성격은 고독하고 과민하며 조금 신경질적이고 피부는 건조하고 섬세하여 주름이 많다. 감수성, 논리력, 분석력이 뛰어나나 소극적이고 사교성이 부족한 편이다.

2) 남성 패션과 스타일

21세기의 패션 산업은 무한경쟁의 시대이며 사회가 다양화·복잡화되고 라이프스타일이 변화함에 따라 사람들 스스로가 자신에게 어울리는 패션 스타일을 연출하기 위해서 자신의 스타일을 만들기 시작했다. 특히 과거와 달리 남성들은 패션을 통해 편안함과 퀄리티를 요구하는 감성적이고 소프트한 패션을 추구하고 있다.

남성복은 19세기 산업혁명 이후 근대화의 물결을 타고 영국을 중심으로 발전하였다. 그 변화의 움직임에는 항상 강대국의 영향이 커서 그 나라의 문화적인 특징이나 패션 감성이 스타일로 정착되어 남성 패션의 유행을 주도하였다. 최근 남성복은 고급화, 개성화, 다양화 추세를 보이고 있다.

(1) 트렌드 이미지

1 엘레강스 이미지(Elegance Image)

남성 패션에서의 엘레강스 이미지는 여성복에서의 엘레강스와는 다른 남성다움에서 오는 격조와 품위를 의미한다. 엘레강스 이미지로서 남성 패션의 기본은 중간 이상의 어깨 폭에 두꺼운 어깨 패드로 어깨선이 각지며 재킷의 길이가 엉덩이를 완전히 덮는 원 버튼의 싱글 재킷과 일자형 바지를 기본형으로 무채색을 중심으로 한 상하 동일 배색에 민무늬의 형이 잘 잡히는 재질로 권위적이고 고급스러운 느낌을 강조한다.

2 클래식 이미지(Classic Image)

클래식은 유행을 타지 않고 지속적으로 나타나는 스타일로 전통적이고 보수적이며 베이직을 기본으로 한다. 클래식 패션의 기본은 넓은 어깨 폭과 어깨 패드로 어깨선이 강하게 강조된 것이 특징이며 라펠의 폭이 넓은 쓰리 버튼의 싱글 재킷과 커프스 단이 있는 테이퍼드형 바지가 기본형으로 그레이

컬러에 체크무늬나 표면의 질감이 살아있는 러스틱 재질의 상하 동일 배색으로 전통적이고 보수적인 이미지를 나타낸다.

③ 로맨틱 이미지(Romantic Image)

남성 패션에서의 로맨틱은 의복에서의 여성적인 패션 코드를 많이 사용하여 부드럽고 가벼운 느낌을 강조한다. 기본은 중간보다 다소 좁은 어깨 폭에 얇은 어깨 패드로 각진 어깨선을 가지고 있지만 어깨선에 무게감이 실리지 않은 직사각형 형태로 라벨의 폭이 좁은 투 버튼의 싱글 재킷과 커프스 단이 없는 테이퍼드형 바지이다. 여기에 라이트와 브라이트 톤의 난색 계열을 중심으로 한 상하 동일 배색에 전면 배열의 꽃무늬 프린트가 가미된 플레인 재질로 가볍고 부드러워 여성적인 느낌을 강조한다.

4 에스닉 이미지(Ethnic Image)

20세기 후반 포스트모더니즘의 출현으로 문화적 다양성을 인정하고 문화를 보다 폭넓게 보는 흐름이 나타났는데, 이것을 패션에서는 에스닉 이미지로 표현하였다. 기본은 적당한 넓이의 어깨 폭과 중간 정도 두께의 어깨 패드로 어깨선을 강조하고 있으며 재킷의 길이가 엉덩이를 덮는 다소 긴 듯한 쓰리 버튼의 싱글 재킷과 일자형 바지를 기본으로 딥 톤, 다크 톤의 난색 계열 컬러를 중심으로 의복 전체에 양식적 무늬가 배치된 플레인 재질로 신비감과 신선함을 준다.

5 액티브 이미지(Active Image)

남성 슈트 스타일에서의 액티브 이미지는 명도나 채도가 높은 색을 중심으로 시각적 자극이 크며 다이내믹한 느낌을 강조한다. 기본 패션은 중간 정도의 어깨 폭에 소프트한 어깨 패드로 어깨선이 각지며 허리 라인이 슬림하게 들어가 약간 피트된 듯한 긴장감이 들게 하는 쓰리 버튼의 싱글 재킷과 일자형 바지로 상하 동일 배색의 비비드나 딥 톤의 레드, 블루 계열의 유채색에 전면 배열의 기하학적, 애니멀 등의 무늬가 부각되어 젊고 다이내믹한 느낌을 나타낸다.

6 내추럴 이미지(Natural Image)

남성 슈트에서의 내추럴 이미지는 편안함을 추구하는 것이다. 내추럴의 기본은 중간 이상의 넓은 어깨 폭에 어깨 패드가 없는 자연스러운 어깨선, 허리 라인이 들어가지 않는 넓은 직사각형 형태의 쓰리 버튼 싱글 재킷과 통이 넓은 일자형 바지를 기본형으로 중간 색조의 베이지와 브라운 계열의 내추럴 컬러의 상하 동일 배색에 면이나 마 같은 천연 소재의 플레인 재질로 루즈하고 편안한 느낌을 강조한다.

7 캐주얼 이미지(Casual Image)

캐주얼은 오늘날 패션 전반에 영향을 미치고 있다. 남성들의 라이프스타일이 변화함에 따라 패션에 대한 사고가 유연해지면서 슈트 스타일에도 편안함을 기본으로 하는 감각적 패션이 늘고 있다. 남성 캐주얼의 기본은 중간 정도 넓이의 어깨 폭과 아주 얇고 소프트한 어깨 패드로 어깨선이 완만하며 허리 라인이 들어가지 않은 쓰리 버튼의 싱글 재킷과 일자형의 바지이다. 여기에 상하 유사 배색의 블루 계열 컬러와 면과 같은 실용적인 소재를 중심으로 무늬 없는 플레인 재질에 T-셔츠로 코디하여 형식을 갖추지 않은 편안한 느낌을 강조한다.

8 밀리터리 이미지(Military Image)

해군복에서 영향을 받은 것이 마린룩이며 밀리터리는 육군복에서 영향을 받았다. 밀리터리(Military Image)는 남성적인 이미지를 표현하는 데 효과적이다. 디자인의 기본은 중간보다 다소 넓은 어깨 폭에 두꺼운 어깨 패드로 어깨선이 강조되어 있고 허리선이 들어가지 않은 넓고 딱딱한 직사각형의 식스 버튼 더블 재킷에 일자형 바지가 기본형이다. 다크 브라운 계열의 상하 동일 배색에 두께감이 있는 러스틱 재질, 어깨를 강조하는 견장이나 포켓 및 벨트와 같은 디테일이 부가되어 엄격하고 하드한 느낌을 가져다준다.

(2) 남성 패션 스타일

1 포멀 스타일(Formal Style)

남성의 권위와 전통, 품위를 표현하며 엘레강스, 클래식 이미지를 포함하는 그룹이다. 포멀 스타일(Formal Style)은 남성복의 원형으로 슈트가 자리매김하면서 당시의 사회문화적 환경이 만든 남성 슈트에 대한 상징적 의미가 그대로 유지되는 가운데 현대의 패션 감성이 반영되어 소프트해진 그룹으로서 슬림한 라인의 블루 계열, 귀족적 품격이 느껴지는 원 버튼의 길이가 긴 재킷, 체크무늬의 러스틱 재질, 테이퍼드형 바지 등이 특징이다.

2 캐주얼 & 스포티 스타일(Casual & Sporty Style)

캐주얼, 액티브, 내추럴을 포함하는 그룹으로 전형적인 슈트 스타일에 활동성이 부가되어 슈트의 볼륨이 변화된 캐주얼 & 스포티 스타일(Casual & Sporty Style)이라 하였다. 블루 계열의 색채를 중심으로 소재나 색채가 다른 세퍼레이트 스타일에 바지의 폭이 전체적으로 크고 헐렁하여 일상적인 자유로움을 강조한다. 액티브 이미지의 경우 재킷과 바지가 몸에 피트되는 형태로 기하학적 무늬가 많아 젊고 동적인 느낌을 강조하고 내추럴 이미지의 경우는 천연 소재와 자연스럽게 주름이 들어간 크링클 재질을 중심으로 뉴트럴 컬러의 박시(boxy) 라인으로 편안함과 루즈함을 강조한다.

③ 유니폼드 스타일(Uniformed Style)

밀리터리, 마린 이미지를 포함하는 그룹으로 전형적 슈트 스타일에 디자인을 주어 전체적으로 재킷의 길이가 긴 직사각형의 형태에 벨트나 허리 밴드, 포켓 등의 디테일 활용이 많다. 유니폼드 스타일(Uniformed Style)은 제복의 디자인 특성이 슈트 스타일에 반영된 것으로 정치·사회적 환경을 반영하여 남성적인 고유문화 및 정체성을 표현해준다.

④ 디폼드 스타일(Deformed Style)

에스닉, 로맨틱을 포함하는 이미지로 전형적인 슈트 스타일을 벗어나 새로운 형을 제시해준다. 딥 톤, 덜 톤의 양식적 무늬로 이국적 신비감이 있고 밝은 색의 난색 계열 꽃무늬나 스카프나 코르사지 등으로 부드러움도 표현할 수 있다. 디폼드 스타일(Deformed Style)의 슈트는 단순하다는 고정관념에서 탈피해 다양한 디자인 개발의 가능성을 제시한다.

(3) 슈트 스타일별 종류

① 아메리칸 스타일(American Style)

제1, 2차 세계대전 이후 국제사회에서 미국의 영향이 증대되고 미국적 자본주의가 세계를 리드하게 되면서 세계 남성 패션 흐름의 주류가 영국에서 미국으로 넘어가게 되어 편안한 약식의(informal) 아메리칸 스타일(American Style)이 유행하였다.

아메리칸 스타일(American Style)은 가장 실용적인 형태의 슈트로 넉넉하고 움직임이 편하고 기능적인 면을 강조한다. 초기에 허리선도 없었으며 3~4개 단추가 달린 형태였으나 요즘은 허리선도 약간 들어가고 단추도 2~3개 달리며 소매통도 조금 좁아진 형태로 변했다. 가장 베이직하고 유행에 흔들리지 않는 스타일로 플랩 포켓(Flap Pocket)이며 뒤트임이 있다. 아메리칸 실루엣의 장점은 품이 넉넉한 박스형이기 때문에 체형을 어느 정도 감추면서 편안함을 느낄 수 있다.

2 프렌치 스타일(French Style) 혹은 유러피안 스타일(European Style)

1950년대 남성 패션도 쿠뛰르 산업에 관심이 집중되기 시작하면서 실용성과 캐주얼을 기본으로 하는 아메리칸 스타일(American Style)과는 다르게 귀족적인 색채를 띤 프렌치 스타일(French Style)이 정착하였다. 경직된 느낌의 몸을 감싸는 듯한 분위기에서 각진 어깨, 좁은 소매, 크고 뾰족한 라펠, 가슴과 엉덩이 부분이 피트된 형태로 뒤트임이 없고 바지도 몸에 붙는 듯한 느낌이며 멋있고 우아한 실루엣이다. 일반적으로 2개의 단추가 있고 뒤트임이 없다. 마른 체형의 사람에게 잘 어울리는 스타일로써 가장 유행에 민감한 스타일이다.

3 브리티시 스타일(British Style)

20세기 초기의 남성 패션은 그 당시 강대국으로 군림한 영국의 장식 없는 간소하고 단순한 브리티시 스타일(British Style)이 지배하였다. 브리티시 실루엣의 특징은 아메리칸 실루엣과 프렌치 실루엣의 중간형으로 몸의 흐름을 그대로 반영한 자연스러운 선을 강조하며 몸의 실루엣을 드러내어 균형감을 돋보이게 한다. 부드러운 허리선과 어깨선은 얇은 패드를 써서 각진 듯한 것이 특징이다. 또한 사이드 밴트(Vent)와 주름이 들어간 바지 등이 특징으로 가장 고전적인 스타일이다.

④ 이탈리안 스타일(Italian Style)

전통적으로 섬유 산업이 발달하고 국민의 예술적 역량이 빼어나 패션 산업의 좋은 입지를 확보하고 있으면서도 빛을 보지 못한 이탈리아가 테이퍼드형 바지에 짧은 스트레이트 재킷의 모던하고 샤프한 라인을 선보이며 전 세계 남성 비즈니스 슈트에 영향을 미치는 이탈리안 스타일(Italian Style)을 만들어내었다.

이탈리안 스타일은 가장 화려한 스타일로 어깨 폭이 넓고 허리선이 조금 들어가 있다. 아메리칸 실루엣의 넉넉함, 프렌치 실루엣의 곡선미, 브리티시 실루엣의 균형미 등 장점만을 잘 조화시킨 것으로 어깨가 넓고 허리부분의 패임이 적으며 아랫단이 부드러운 곡선으로 처리되었기 때문에 착용감이나 외형적 느낌이 세련되어 보인다. 현재 가장 많이 응용되고 있는 편이다.

3) 슈트(Suit) 바르게 입기

슈트는 같은 색상, 같은 질감의 옷 한 벌을 말한다. 위, 아래 색상이 다른 옷은 세퍼레이트 슈트(Separate Suit), 일명 “콤비”라고 한다. 콤비를 비즈니스 웨어로 보는 경우도 있지만 슈트보다는 느낌이 캐주얼해 보이고 자유로워 보인다. 중요한 비즈니스일 경우에는 콤비보다는 반드시 상하 한 벌인 슈트 정장을 입는 것이 좋은 이미지를 전달해 줄 수 있다.

(1) 어 깨

어깨와 겨드랑이 부분에 주름이 생기지 않고 말끔하게 떨어지는 것이 좋다. 어깨 폭이 잘 맞아야 부자연스러운 주름이 생기지 않고 좋은 실루엣이 완성된다. 겨드랑이 부분에 가로 방향의 주름이 생기는 경우는 옷이 본인의 몸에 비해 작기 때문이고 어깨 끝점부터 팔부분에 세로 방향의 주름이 생기는 이유는 옷이 몸에 비해 크기 때문이다. 슈트 상의의 적당한 어깨너비는 어깨의 끝에서 바닥으로 수직을 그었을 때 팔이 선 밖으로 나오지 않을 정도이다.

(2) 재킷의 길이

재킷의 길이는 팔을 바르게 내려놓은 상태에서 밑단이 손에 잡히는 정도가 본인에게 맞는 길이이다. 다리가 길어 보이게 하려고 재킷의 길이를 줄이기도 하는데 포켓의 위치가 균형을 잃게 될 수 있으므로 주의해야 한다. 다른 사람이 볼 때는 엉덩이가 완전히 덮이는 정도가 되어야 한다.

(3) 소매길이

재킷의 소매길이는 자연스럽게 손을 내려뜨린 상태에서 셔츠의 소매가 밖으로 나오는 것이 보기 좋다. 즉 소맷부리가 손가락 끝에 약간 잡히는 정도가 적당하다. 또한 재킷과 셔츠의 소매가 이루는 밸런스도 중요하다. 손의 크기에 따라 다르나 보통 셔츠의 커프스는 재킷의 소매 밖으로 1~1.5cm 정도 나오면 적당하다.

(4) 재킷 품

단정해 보이려면 품이 잘 맞아야 하는데 주먹 하나가 들어갈 정도 여유가 있는 것이 적당하다. 품이 작은 경우 라펠 부분이 당겨져 V존이 보기 싫게 벌어지고 품이 큰 경우 셔츠와 재킷 사이가 지나치게 들뜨게 된다. 슈트를 입고 앉아있을 때는 편안하게 풀어놓아도 되지만 일어날 때에는 습관적으로 채워야 한다. 단추를 채울 때에는 항상 가장 아래에 있는 단추 하나만 풀어놓고 위 하나를 채운다.

(5) 바지의 길이

바지를 입고 구두를 신었을 경우 구두 뒷부분의 절반 내지 3분의 정도를 덮는 정도가 가장 적당한 길이이다. 또한 걸을 때 양말이 보이지 않을 정도가 적당하다. 단을 접어 올린 턴업(Turn-up) 스타일의 바지인 경우 앞부분이 구두 등을 살짝 덮는 정도가 좋다. 단을 접지 않은 바지는 밑단이 한 번 접힐 정도로 여유가 있는 것이 좋다.

(6) 조끼(Vest)

조끼는 몸에 꼭 맞게 입어야 재킷을 입었을 경우 전체적으로 실루엣이 잘 살아날 수 있다. 조끼의 길이는 슈트의 웨이스트 버튼 바로 위까지 오도록 입는 것이 적당하다. 조끼를 입었을 경우에도 재킷과 마찬가지로 항상 맨 아래 단추 하나만 풀고 위에 있는 나머지 단추들을 모두 다 채워주면 된다.

(7) V-Zone

비즈니스웨어에서 가장 눈에 띄는 부분이 V-Zone이다. V존을 세련되게 입기 위해서는 슈트, 셔츠, 타이의 궁합을 잘 맞추어 입어야 한다. 얼굴이 작고 왜소한 사람은 V존이 깊으면 작은 얼굴이 더 강조되어 보이므로 V존을 되도록 짧게 만들어준다. 반대로 얼굴이 크고 체격이 큰 사람은 V존이 깊게 패인 원 또는 투 버튼의 재킷을 입으면 더 갸름해 보이는 효과가 있어 단점을 보완할 수 있다.

4) 드레스 셔츠

슈트 차림에서 재킷 안에 입는 것을 드레스 셔츠라고 한다. 셔츠는 슈트와 함께 남성을 상징하는 패션으로 눈에 많이 띄는 부분이다. 색상에 따라 화이트 셔츠, 블루 셔츠, 브라운 셔츠 등으로 구분되는데 칼라의 모양과 기능에 따라 그 명칭 또한 달라진다.

(1) 대표적인 셔츠 칼라 스타일(Shirts Collar Style)

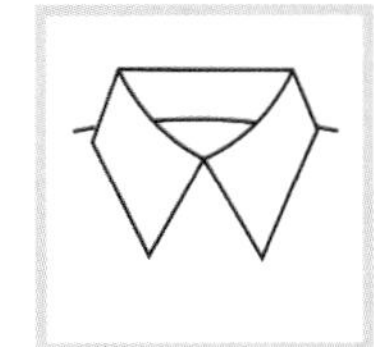

1 레귤러 칼라(Regular Collar)

남성 정장에서 가장 많이 사용되는 칼라이다. 어떤 스타일의 슈트와도 잘 어울리고 일반적으로 누구에게나 다 잘 어울린다.

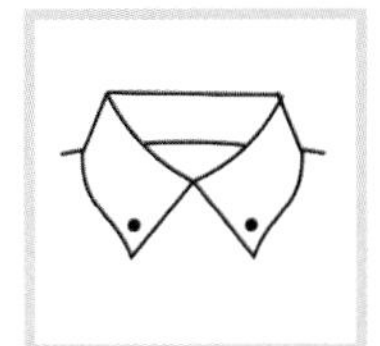

2 버튼 다운 칼라(Button Down Collar)

칼라 깃의 끝을 단추로 고정시킨 칼라로 드레스 셔츠뿐 아니라 캐주얼 셔츠에서도 볼 수 있는 스타일이다. 이 셔츠는 더 젊어 보이고 발랄해 보여 20~30대 초반에 잘 어울린다. 옥스퍼드천으로 만든 것이 그 원형이며 모 소재의 슈트에 잘 어울린다. 스포티한 멋이 나서 젊고 활동적인 이미지 연출에 좋다.

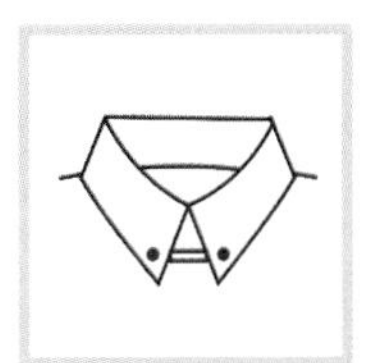

3 핀 칼라(Pin Collar)

레귤러 칼라 스타일에서 셔츠 깃을 핀으로 조여 주는 형태이다. 목이 짧은 사람은 자칫 답답해 보일 수 있으므로 피하도록 한다. 정장 슈트에 잘 어울리는 편이다.

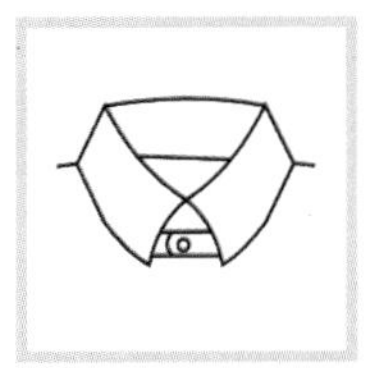

4 탭 칼라 셔츠(Tab Collar Shirts)

칼라의 양쪽 끝을 중앙으로 모은 셔츠의 스타일로서 착용시 넥타이를 매고 타이 밑으로 똑딱단추를 채워 넥타이 매듭을 받쳐 올리면서 착용감이 안정되어 보이는 셔츠이다.

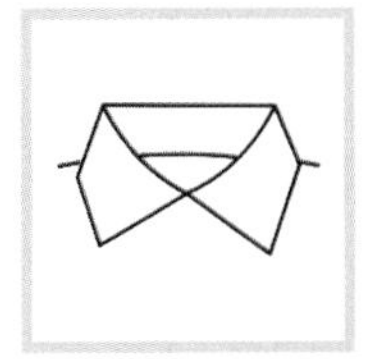

5 윈저 칼라(Windsor Collar) 혹은 와이드 스프레드 칼라(Wide Spread Collar)

깃의 각이 90도 이상 벌어져 있는 와이드 스프레드 칼라이다. 폭이 넓은 넥타이를 매거나 넥타이 매듭을 굵게 만들어 입는다. 영국의 윈저공이 자신이 직접 개발한 "넥타이 매듭을 크게 매는 법"이라 해서 붙여진 이름이다.

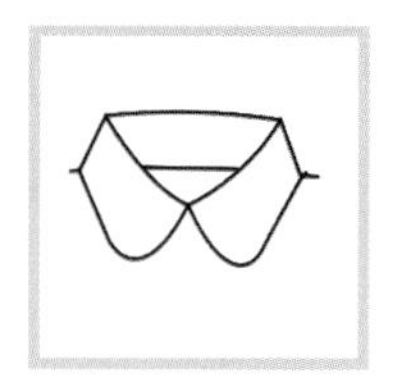

⑥ 라운드 칼라(Round Collar)

칼라의 깃이 라운드된 것으로 주로 승마복 등의 스포츠 재킷 속에 잘 어울린다. 그러나 둥근 얼굴을 가진 사람은 가능한 피하도록 한다.

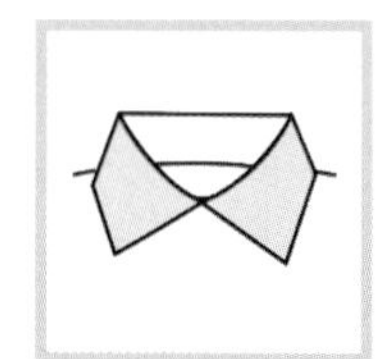

⑦ 클래릭 셔츠(Cleric Shirts)

몸판과 소매, 칼라 부분의 색깔이 다르다. 보통 셔츠의 깃과 커프스는 백색으로 하고 몸판은 주로 블루 계열이 많은데 산뜻해 보이기 때문에 젊은 여성들이 선호한다.

(2) 커프스(Cuffs)

셔츠의 커프스는 칼라와 마찬가지로 슈트의 품격을 나타내는 중요한 요소이다. 셔츠의 커프스는 가장 일반적인 배럴 커프스(Barrel Cuffs)와 두 번 접어 만든 프렌치 커프스(French Cuffs)의 두 종류가 있다.

(3) 체형별 셔츠의 선택

체격이 큰 경우 큰 칼라의 셔츠가 어울리고 목이 짧은 경우는 밴드가 낮은 평평한 칼라를 선택해야 목이 길어 보이지 않는다. 얼굴이 작은 사람이 큰 칼라의 셔츠를 입으면 옷이 사람을 압도하는 것처럼 보여 어울리지 않는다. 얼굴이 긴 경우 깃 사이가 좁은 셔츠를 입으면 긴 얼굴을 더욱 강조하게 되므로 깃 사이가 넓은 와이드 스프레드 칼라 셔츠(Wide Spread Collar Shirts)를 입어서 보완해야 한다.

V존을 안정감 있는 각도로 받쳐주는 와이드 스프레드 칼라는 딱 벌어진 셔츠의 깃이 입는 사람의 권위와 명예를 한층 돋보이게 한다. 그러나 어깨가

좁은 사람이 입으면 칼라가 상대적으로 넓어 보여 어깨가 더 좁아 보이므로 어깨가 넓은 사람이 입는 것이 좋다. 얼굴이 둥근 사람은 라운드 칼라 셔츠를 입으면 둥근 얼굴을 강조하게 되므로 깃 사이가 다소 좁고 깃 끝이 뾰족하며 칼라가 긴 셔츠로 보완한다. 라운드 칼라 셔츠는 키가 크고 얼굴이 좁고 마른 사람한테 잘 어울린다.

5) 타이(Tie)

타이는 단조로운 슈트 차림에 다양한 변화를 줄 수 있는 유일한 패션 소품이다. 타이는 길이나 폭이 다를 뿐 형태는 거의 같다. 반면 소재나 컬러나 무늬는 아주 다양하다. 일반적인 타이의 폭은 약 8cm 정도이다. 유행에 따라 7~9cm 사이에서 좁아지기도 하고 넓어지기도 한다. 타이의 소재는 겉감은 100% 실크이고 안감은 100% 울인 것이 타이의 모양새도 좋고 고급스럽다. 넥타이는 매듭이 중요한데 매듭을 잘 매야 맵시가 살아난다. 타이 길이는 바지 벨트의 버클 밑부분에 닿도록 하는 것이 가장 좋다.

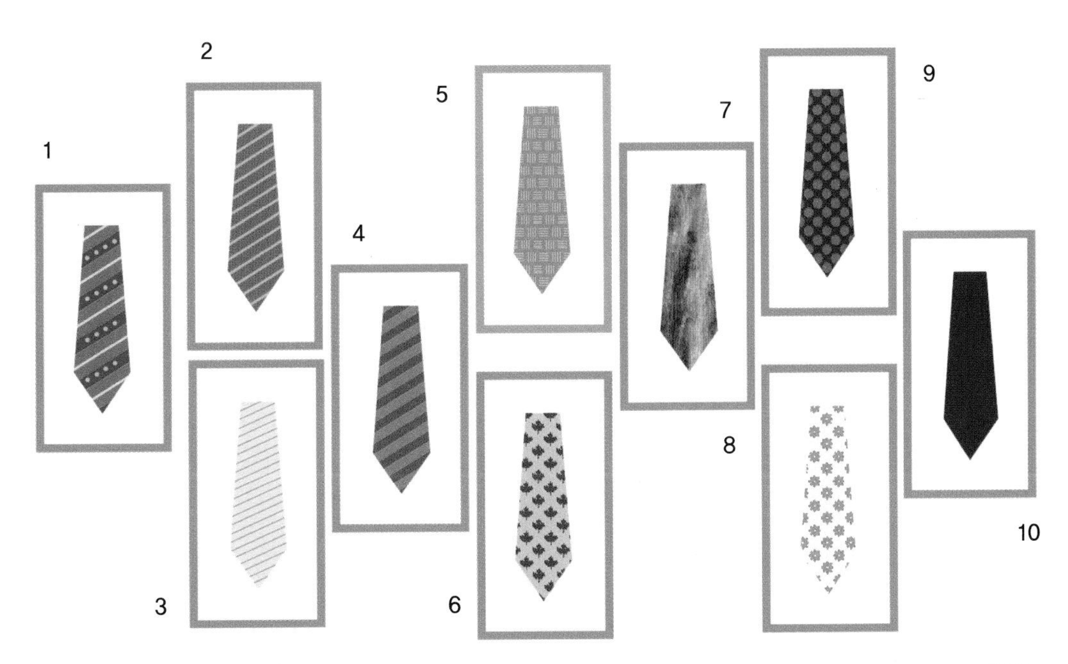

(1) 타이의 패턴

1 레지멘털 스트라이프(Regimental Stripe)

영국군의 연대기를 패턴에 활용한 것으로 군대의 심볼 컬러를 맞춘 독자적인 줄무늬이다. 색상뿐 아니라 폭까지 정해져 있는 유서 깊은 타이로 클럽타이라고 한다.

2 초크 스트라이프(Chalk Stripe)

초크로 그린 듯한 굵기의 단색 라인으로 되어 있다.

3 더블바 스트라이프(Double-bar Stripe)

두 개의 가는 선이 한 세트로 되어 있다. "프렌치 스트라이프" 또는 "레일스트라이프"라고도 한다.

4 블록 스트라이프(Block Stripe)

동일한 크기의 스트라이프가 다른 두 가지 컬러로 반복되는 구성으로 클래식한 느낌을 준다.

5 니트(Knit)

멋쟁이 남성이라면 하나쯤 마련해두면 좋다. 무지이면서 그 짜임새 자체가 무늬가 되는 것이 특징이다. 편안하면서도 캐주얼한 느낌을 준다.

6 모티브(Motive)

실제 사물을 그대로 디자인한 타이로 주로 동물무늬를 많이 사용한다.

7 페이즐리(Paisley)

세포의 정교한 무늬를 보는 듯한 패턴으로 스코트렌드 페이즐리 지방에서 이름이 붙여졌다. 넥타이뿐 아니라 스카프나 셔츠에서도 이용된다.

8 플로럴(Floral)

꽃무늬를 사용한 패턴을 이용한 타이로 꽃뿐만 아니라 가지나 잎을 디자인한 것도 이에 해당한다. 밝은 배색을 이루는 것이 많다.

9 도트(Dot)

물방울처럼 동글동글한 무늬를 말한다. 물방울의 크기에 따라 핀도트, 폴카도트, 코인도트로 구분되며 크고 작은 물방울을 조합한 샤워도트도 있다.

10 솔리드(Solid)

무늬가 없는 단순한 스타일을 말한다. 어떤 슈트와도 무난하게 잘 어울린다.

(2) 넥타이 매는 법(Necktie Knots)

1 플레인 노트(Plain Knots)

가장 널리 쓰이는 매듭법으로 가장 매듭이 가늘며 한 번만 돌려서 매는 방법이다. 플레인 노트는 버튼다운 셔츠를 입었을 때 V존이 흐트러지지 않고 잘 어울리며 체격이 큰 사람이 플레인 노트처럼 매듭을 작게 하면 상대적으로 사람이 커보인다.

1

2

3
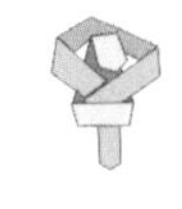
4
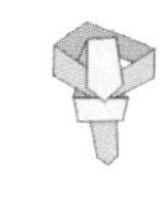
5
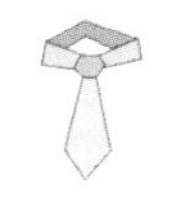
6

2 윈저 노트(Windsor Knots)

매듭 모양이 단단하고 강하게 표현되는 형태로 영국의 윈저공이 고안한 매듭법이다. 칼라 깃 사이가 넓은 셔츠에 매면 잘 어울리며 여름철에 천이 얇은 타이를 두껍게 맬 때 활용하면 좋다.

 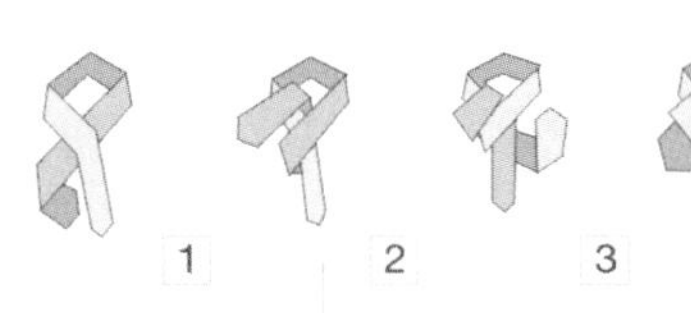  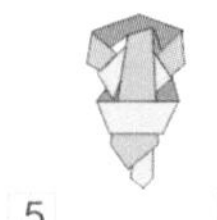 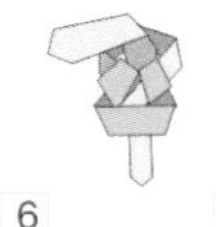 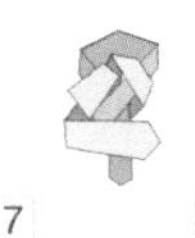

③ 블라인드 노트(Blind Knots)

마치 스카프를 맨 듯한 느낌이 드는 타이 연출법으로 유행이 지난 넓은 타이나 무늬가 화려한 타이를 활용할 수 있는 좋은 방법이다. 보다 감각적인 스타일을 원하는 남성에게 권하고 싶은 방법이다.

 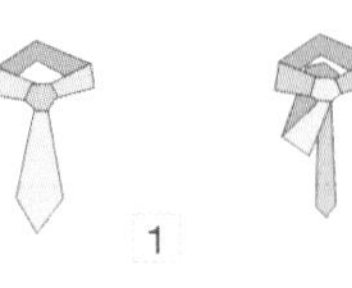  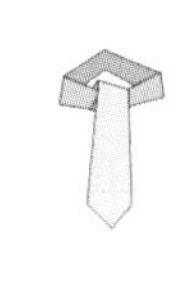

6) V-ZONE 연출법

남성 정장의 생명은 V존에 있다고 해도 과언이 아니다. V존은 재킷이 만들어내는 V자 속의 깃과 셔츠, 타이가 있는 영역을 말한다. V존을 어떻게 연출하느냐에 따라 남성의 이미지가 달라지므로 좋은 이미지 형성을 위해서도 V존에 각별히 신경을 써야 한다.

(1) 세련된 슈트를 위한 V존 기본법칙

① 비즈니스 상대를 처음 만났을 때는 재킷의 컬러는 어두울수록 좋다. 재킷이 어두우면 셔츠와 타이가 분명하게 구별되기 때문에 깔끔한 V존 이미지를 연출할 수 있다.

② 타이의 색상은 셔츠의 색상보다 짙어야 하는데 셔츠가 짙으면 상대적으로 타이가 부각되지 못하기 때문이다. 상대에게 또렷한 인상을 남기려면 타이를 셔츠보다 짙은 색으로 매치시켜야 한다.

③ 타이의 색상을 재킷 색이나 셔츠 색과 같은 색으로 맞추어준다. 솔리드 타이인 경우에는 타이를 재킷이나 셔츠 컬러 계열에 맞추면 무난하고, 무늬 타이인 경우에는 타이의 무늬색을 재킷 또는 셔츠의 색상에 맞추면 V존을 세련되게 보인다.

④ 무늬는 재킷, 타이, 셔츠 중에서 하나만 선택해야 하는데 스트라이프 타이에 스트라이프 셔츠를 입거나 스트라이프 셔츠에 꽃무늬의 타이를 매면 너무 복잡해 보이므로 피해야 하는 연출법이다. 스트라이프 재킷에는 무늬 없는 셔츠에 솔리드 타이나 도트 무늬의 타이를 매는 것이 좋다. 그러나 가는 선의 핀 스트라이프 재킷에는 강한 선의 타이를 맨다면 세련미와 긴장감을 얻을 수 있다.

7) 슈트 액세서리

(1) 타이 홀더(Tie Holder)

타이 홀더는 셔츠와 타이를 고정시키는 집게 형식을 말하는 것이고 뱃지 형식으로 된 것도 있는데 이것은 타이 택(Tie Tack)이라고 한다. 타이 홀더를 한 남성은 깔끔하면서도 절제되어 보인다. 타이 홀더를 착용할 때는 재킷을 입지 않고 셔츠만 입고 있을 경우에는 단추를 채웠을 때 밖에서 타이 홀더가 살짝 보일 정도의 위치에 채우는 것이 좋다.

(2) 커프 링크스(Cuff Links)

단추 대신 셔츠 소매의 커프스를 여며주는 장신구인 커프 링크스는 단추보다 한결 우아한 느낌을 줄 수 있기 때문에 특별한 날 사용하면 좋다. 소재는 금, 백금, 은 등이 있는데 비즈니스맨에게 적당한 스타일은 바(Bar) 형태나 작은 클립 형태가 좋다. 커프 링크스는 타이 홀더와 같은 소재의 것을 착용하는 것이 원칙이다.

(3) 서스팬더(Suspenders)

바지를 입을 때 반드시 벨트를 착용한다. 벨트는 버클이 지나치게 요란하지 않고 단순한 것으로 바지 색깔과 동일 계열로 하는 것이 좋다. 배가 좀 나온 사람은 벨트 대신 서스팬더를 하는 것이 더 편할 수 있다. 서스팬더는 상의 밖으로 노출되지 않게 하는 것이 원칙인데 흰색이나 검은색으로 된 것을 착용하는 것이 기본이다. 단, 서스팬더는 절대로 벨트와 동시에 해서는 안 된다.

(4) 포켓치프(Pocket-chief)

포켓치프(Pocket-chief)는 남성의 인격과 품위를 나타내는 소품으로 소재는 일반적으로 풀 먹인 흰색 린넨이 가장 적당하다. 또 다른 소재로 실크도 많이 사용되며 무지에서부터 패이즐리 패턴까지 다양한 색상과 패턴을 즐길 수 있다. 포켓치프를 했을 때는 포켓 위로 4cm 이상 올라오지 않도록 주의한다.

(5) 양 말

정말 멋을 아는 사람은 잘 보이지 않는 곳까지 세심한 신경을 쓴다. 양말은 짙은 색상, 즉 바지색이나 구두색과 같은 계열로 신어야 한다. 이렇게 하면 다리가 길어 보이는 효과를 얻을 수 있다.

8) 타이와 셔츠의 착용방법

[1] 셔츠는 목둘레 사이즈보다 2cm 크게 선택한다

셔츠의 적정 목둘레는 신체 치수에 2cm를 더한 사이즈, 즉 검지손가락을 쉽게 넣을 수 있는 여유분이 필요하다. 또한 소매길이는 팔을 완전히 내린 상태에서 손목으로부터 1~1.5cm 밑에 커프스의 끝이 오는 것이 적정한 사이즈다.

2 V존 색상 대비로 강조한다

짙은 정장에는 밝은 색 셔츠를, 반대로 진한 색 셔츠에는 밝은 색의 정장을 입는다. V존의 중앙에 오는 넥타이보다 바탕의 셔츠가 너무 많이 보이면 산만한 인상을 주기 쉽다. 셔츠의 칼라가 벌어진 정도에 맞추어 넥타이의 굵기와 노트의 크기를 조절한다.

3 커프 링크스를 필요로 하는 프렌치 커프스(French Cuffs)는 멋스런 옷차림에 많은 도움을 준다

커프 링크스의 색과 무늬는 셔츠와 타이, 혹은 손목의 액세서리 시계와의 균형을 생각하며 고르는 것이 좋다.

4 코디네이션이 어렵다고 느껴진다면 솔리드 타이에 의존한다

셔츠와 슈트는 결정했지만 넥타이를 선택하기 어려울 때는 단순한 무지 솔리드 타이나 유사한 무늬를 선택하는 것이 실패하지 않는 방법이다.

5 재킷의 라펠 폭과 넥타이 폭을 맞춘다

넥타이를 슈트에 맞춰 선택할 때 손쉽게 가늠해 볼 수 있는 기준이 있다. 슈트 라펠의 최대 폭과 넥타이의 최대 폭을 서로 맞추는 것이다. 재킷 라벨의 굵기에 비해 넥타이의 폭이 너무 가늘거나 굵게 되면 눈에 쉽게 띄어서 어색한 인상을 준다.

6 넥타이 끝은 언제나 벨트의 상단

넥타이가 가장 멋있게 보이는 길이는 맸을 때 넥타이 끝이 벨트 위에 오는 정도다. 거울을 보며 올바른 길이를 확인하도록 한다.

9) 남성 구두 스타일

구두는 남성의 감각이나 사회적 지위를 드러내는 척도가 된다. 그만큼 남

성 패션에서 빠져서는 안 되는 중요한 부분이다. 구두는 패션 스타일이나 색상에 따라 코디네이션 하는데 슈트의 색상에 구애받지 않는 가장 무난한 컬러는 검정이다. 편한 구두를 고르도록 하며 천연가죽 소재가 가장 이상적이다.

(1) 스트레이트팁 슈즈(Strait-tip Shoes)

클래식한 분위기의 정통 구두로 스트레이트 팁이란 브로킹(구멍 뚫은 장식이나 바늘 땀 장식)이 구두코에만 있는 스타일이다. 단순하고 싫증이 나지 않는 스타일로 정장, 캐주얼 모두에 신을 수 있다.

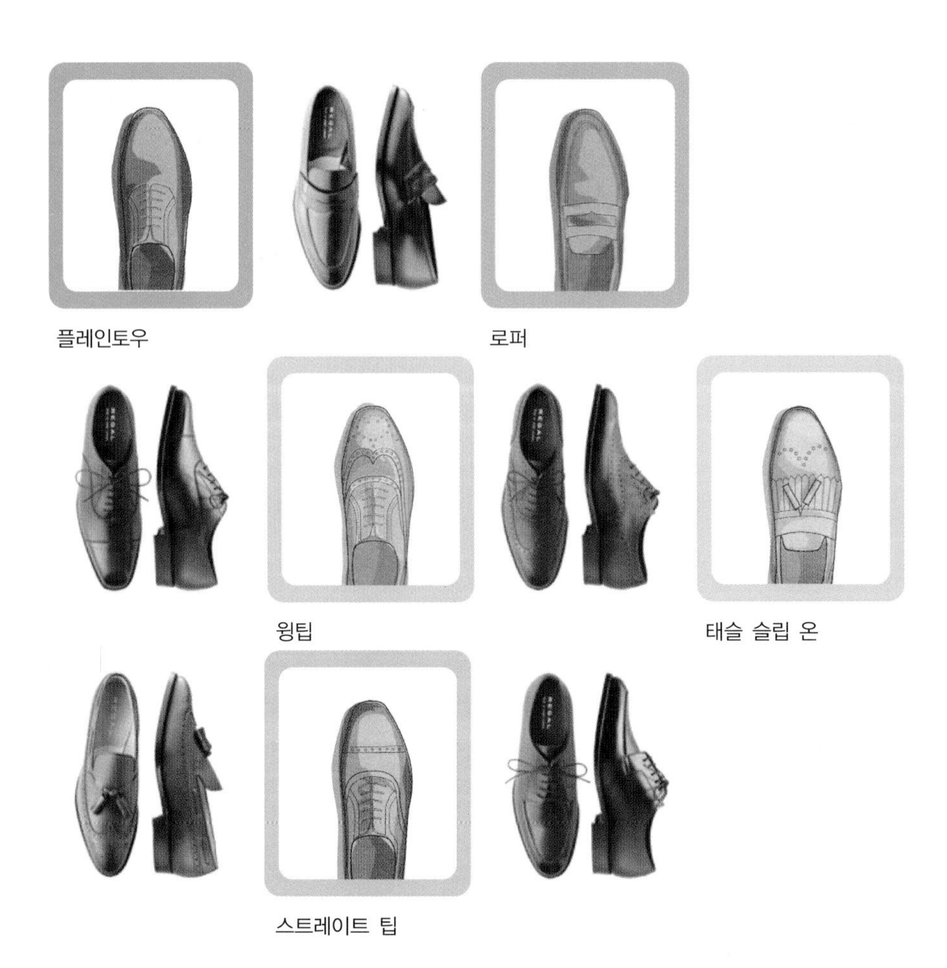

플레인토우

로퍼

윙팁

태슬 슬립 온

스트레이트 팁

(2) 윙팁 슈즈(Wing-tip Shoes)

구두 옆에 달린 장식이 날개를 펼친 새를 닮았다 하여 불리게 된 명칭으로 정장용 슈트는 물론 스포티한 옷차림에도 잘 어울린다. 독특한 장식이 멋스러운 가장 정통적인 스타일의 구두이다.

(3) 플레인 토우 슈즈(Plain-toe Shoes)

구두코 부분에 아무런 장식이 없는 가장 기본적인 구두로 정장, 세미정장, 캐주얼한 차림에 잘 어울린다.

(4) 로퍼(Loafer)

명품 브랜드 구찌의 대표적인 디자인으로서 다소 캐주얼하고 스포티한 분위기이다. 뒤축이 없는 인디언 모카신(Moccasin)을 변형시킨 것으로 정장에는 가급적 피하도록 한다.

(5) 태슬 슬립 온 슈즈(Tassel Slip-on Shoes)

구두의 윗부분에 장식 술(태슬)이 달린 것으로 가볍고 편안한 이탈리안 스타일의 슈트와 어울린다.

10) 체형에 따른 남성 패션 이미지

(1) 키가 크고 마른 체형

마른 체형은 옷은 잘 받는 편이지만 등이 구부정한 자세가 되기 쉽기에 바른 자세가 필요하다. 어깨가 잘 맞는 옷을 선택하고 부드럽고 여유가 있는 분위기로 연출한다. 슈트는 싱글 버튼의 재킷보다는 더블 버튼의 재킷이 좋으며 길이는 약간 긴 것이 좋은데 엉덩이를 완전히 덮어야 안정감이 생기고 품위 있어 보인다. 색상은 중간 톤의 회갈색, 회청색, 파스텔, 감색 정도가 무난하다. 가는 스트라이프 무늬는 체형을 더욱 가늘고 길게 보이게 하므로 피하도록 한다.

(2) 키가 크고 뚱뚱한 체형

뚱뚱한 체형은 몸에 꽉 끼는 스타일은 오히려 체형을 강조하게 되므로 좋지 않으며 체형이 수축되어 보이는 검정이나 진한 회색 같은 중간색 이하의 어두운 색을 선택하는 것이 좋다. 옷감은 단단한 소재이면서 흐름이 좋은 고급 제품이 좋다. 보통 굵기의 스트라이프 무늬 슈트나 재킷을 입으면 날씬하고 감각적으로 보인다. 뚱뚱한 체형은 그레이와 베이지 색상은 팽창색이므로 피하도록 한다. 셔츠는 와이드 스프레드 칼라가 효과적이며 타이는 차가운 계열의 색상이 좋다.

(3) 키가 작고 마른 체형

키가 커보이게 스트라이프 슈트를 선택하는 것이 좋으며 색상은 밝은 브라운이나 회색이 어울리며 재킷 길이는 엉덩이를 덮는 것을 선택한다. 작은 키를 커보이도록 상하 동일 색상으로 입도록 한다. 키가 작고 마른 체형에게 짙은 색은 더욱 왜소해 보이므로 검정색은 피하도록 한다. 단색의 옷감이 좋고 잔잔한 무늬는 세련돼 보이나 큰 무늬나 큰 체크무늬는 피한다.

(4) 키가 작고 뚱뚱한 체형

재킷 길이는 엉덩이를 덮지 않도록 한다. 재킷의 뒤트임은 양쪽보다 중앙트임이 좋다. V존은 최대한 시선을 위로 오게 하고 작은 키를 보완하도록 스트라이프 슈트나 상하의 동일 계열 색상을 입도록 한다. 세로줄 무늬로 선택하고 주머니에는 어떤 것도 넣지 않는다. 큰 체크무늬나 복잡한 무늬는 답답해 보이는 체형의 결점을 드러내므로 피한다. 바지 길이는 조금 길게 하면 다리가 길어 보이고 키가 커보인다.

11) 상황별 패션 이미지

(1) 비즈니스 회의

회의를 위한 옷차림은 짙은 감색의 싱글 슈트가 기본이 된다. 자신감과 신뢰를 얻을 수 있는 차분한 분위기의 옷차림을 위해 짙은 감색의 슈트에 흰색 레귤러 컬러 셔츠와 너무 튀지 않는 붉은 계열의 넥타이로 멋을 내도록 한다. 보다 격식을 차려야 할 장소에서는 초크 스트라이프 플란넬 회색 슈트에 프렌치 커프스의 셔츠, 붉은 계열의 타이로 연출해 고급스럽고 지적인 이미지를 부각시키도록 한다.

(2) 비즈니스 캐주얼

최근 들어 비즈니스 캐주얼이 각광받고 있는데 자유롭게 입는 만큼 패션 감각이 좀 더 요구되기 때문에 세심하게 신경 쓰도록 한다. 정장과 캐주얼의 느낌을 동시에 주는 스타일로 남색 재킷에 클래릭 셔츠 혹은 버튼다운 셔츠를 입는다. 이것은 넥타이를 매지 않고 입어도 감각 있게 보인다. 여름철에는 엠보싱처럼 올록볼록한 시어서커(지지미) 재킷도 좋은데 흰색이 기본색으로 들어간 시어서커 재킷에 연회색, 베이지색의 바지를 입으면 잘 어울린다. 구두는 술이 달린 태슬 로퍼를 신으면 경쾌해 보인다. 특히 여름철이고 캐주얼이라 하여 반팔 셔츠를 입는 것은 절대 안 되며 굳이 반팔을 입고 싶다면 반팔 폴로 셔츠를 재킷 안에 입도록 한다. 재킷 없이 셔츠만 입는 경우에는 블루 체크 셔츠와 블루, 갈색이 섞인 멀티스트라이프 셔츠를 입는 것도 젊은 이미지를 부각시킬 수 있다.

(3) 평상시의 옷차림

가장 일반적인 차림은 차분한 색감으로 신뢰감을 얻을 수 있는 청색과 회색 계열 슈트이다. 처음 만날 때나 상대에 대한 정보가 없을 때 가장 무난한 옷차림으로 어떠한 장소에서도 부담 없는 비즈니스웨어이다. 스트라이프 무늬의 짙은 청색 슈트는 보수적인 사람을 만날 때 적당하고 진한 빛깔의 더블 브레스티드(단추가 두 줄로 된) 슈트에 화려한 넥타이를 맨다면 세련되고 하이센스한 느낌을 줄 수 있다.

(4) 비즈니스 출장

출장지에서는 TPO에 따라 각기 다른 옷차림을 갖추는 것이 중요하다. 출발 시에는 간편한 복장을 하는 것이 좋고 격식을 갖춘 슈트나 편안한 품목을 간단히 꾸려가도록 한다. 출장지에서의 업무 관련 미팅시 신뢰와 확신을 줄 수 있도록 정중해 보이는 청색, 회색 계열의 싱글 브레스티드 슈트에 서로 다른 색상과 스타일의 셔츠 몇 벌과 이에 어울리는 타이를 준비하도록 한다. 또한 해외 출장시는 외국인과 만날 기회가 많으므로 옷을 바르게 입는 격식을 지키고 유행감각과 계절감각을 잃지 않도록 한다.

(5) 파티를 위한 옷차림

파티는 여러 사람이 함께 모여 인간관계를 넓히고 정보교환을 하는 사교의 목적이 있는 모임이다. 파티의 성격에 맞는 적절한 옷차림이 어울리는데 서양에서는 대부분 턱시도나 모닝코트의 격식 있는 옷차림을 하나 우리나라에서는 예복을 대신하는 정장으로 블랙 슈트나 다크 슈트에 드레스 셔츠를 입고 화려한 넥타이를 매도록 하고 포켓 칩으로 멋을 내도 좋다.

(6) 기본적인 스타일 완성

좋은 스타일을 연출하려면 넥타이+셔츠 컬러+재킷의 세 가지가 잘 어울려야 스타일이 완성된다. 슈트를 고를 때는 재킷이 먼저 들어오는데 재킷의 단추 개수에 대해 생각하는 것이 일반적이다. 그러나 V존 스타일을 만드는 데 중요한 것은 재킷에 있는 단추의 개수가 아니라 좌우 라펠이 이루는 V자의 골 깊이이다. 만일 풍겨 나오는 인상이 턱 끝이 뾰족하고 날카로우면 얕은

V존이 어울리고 둥글고 넓은 편일 경우에는 깊은 V존이 어울린다. 그러나 슈트에서 가장 눈에 띄는 V존이 복잡하거나 어지럽지 않게 하기 위해서는 줄무늬 슈트에 세로 줄무늬 셔츠, 줄무늬 넥타이 등의 줄무늬 일색을 피해야 한다. 이외에도 셔츠는 맨살 위에 입고 슈트 차림에는 반팔 셔츠를 절대 입지 않으며 동일한 양말 색을 선택한다. 또한 진한 색상의 슈트는 남성으로서의 파워는 느껴지지만 자칫 어두운 이미지를 주기 쉬우므로 셔츠와 넥타이는 밝은 느낌의 색상으로 선택하여 균형을 맞춘다. V존의 넥타이는 상대의 시선이 가장 많이 머무는 부분이므로 화려한 색을 선택하면 효과적으로 어필할 수 있다. 자신의 스타일에서 한 단계 높은 화려한 스타일을 골라 입으면 좀 더 효과적이다.

1 라 펠

재킷의 라펠 모양은 유행에 민감하다. 라펠의 폭이 좁은지 넓은지, 아니면 라펠 아래쪽 부분이 크고 높게 솟구쳐 오른 형태인지에 따라 다르다. 또한 라펠에 변화를 주는 것으로 벨벳 천이나 테이프 같은 것을 라펠에 덧대 변화를 주기도 한다.

2 벤 트

"벤트"라 불리는 뒤트임은 양쪽으로 트인 것과 트임이 없는 것, 트임이 하나인 것이 있다. 엉덩이 부분에 자신이 있는 사람은 트임이 하나 있는 것이 좋고 그렇지 않다면 두 개가 좋다.

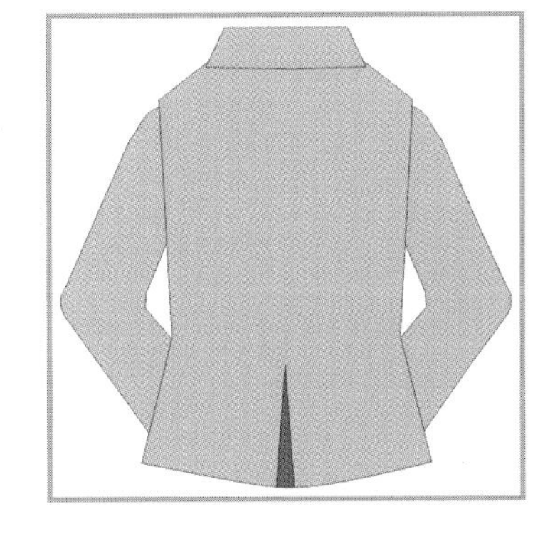

3 어깨 라인

어깨는 슈트의 인상을 결정짓는 중요한 부분이기 때문에 재킷을 입었을 때 겨드랑이 부분을 감싸는 암홀 부분과 어깨선도 꼼꼼히 살펴본다. 재킷의 앞판과 소매 부분이 이어지는 어깨 끝부분에 심지가 들어 있다. 어깨 라인에 자신이 없다면 각진 형태가 어울리고 우동으로 어깨선이 발달한 사람이면 흐르는 모양이 더 어울린다. 재킷을 선택할 때는 반드시 얼마나 몸에 잘 맞는지를 살펴보는 것이 좋은데, 어깨선이 자연스럽게 떨어지고 라펠의 안정감 등이 이에 해당한다.

넥타이는 무늬 없는 솔리드 패턴이나 심플한 줄무늬 혹은 물방울무늬 등이 적절하고 짙은 빨간색, 와인색, 청색 등이 좋으며 넥타이 길이는 벨트 버클을 살짝 가리는 정도로 한다. 헤어스타일은 깔끔하고 단정한 느낌을 주는 약간 짧은 자연 스타일이 좋고 젤이나 헤어스프레이를 이용하여 단정하게 빗어 넘긴다. 구두는 검정색이 가장 무난하며 양말은 바지의 색상에 맞추어 선택한다. 흰 양말은 신지 않는다.

02 여성의 패션 이미지

여성 패션은 얼굴만큼이나 중요하다. 자신의 개성과 품격을 표현하는 척도이며 또한 상대의 기대에 부응하여 호감도를 높이는 절대적인 요소가 되기도 한다. 자신의 체형이나 분위기를 전혀 고려하지 않고 무조건 유행만을 쫓는 것이 아니라 우선 멋스럽게 옷을 입는 기본적인 방법을 알아둔 후 옷차림을 통해 대외적으로는 신뢰감을, 대내적으로는 성실성을 전달하여 자신만의 개성을 특별하게 표현하도록 한다.

1) 여성 정장

(1) 슈트(Suit)

직장여성에게 가장 적합한 옷은 무릎 라인 스커트의 정장 슈트이다. 다리 모양에 콤플렉스를 가지고 있는 여성들의 경우 무조건 긴 치마를 입거나 바지만 입는 경향이 있다. 그러나 우선 스커트는 무릎 위 5cm부터 무릎 아래 10cm 정도가 가장 적당한 길이다. 특히 타이트스커트와 입으면 가장 품위 있고 신중한 옷차림이 된다. 소재와 색상은 고급스러운 것으로 선택하는 것이 좋다. 재킷은 전통적인 테일러드(Tailored) 재킷이 무난하며 허리 라인이 너무 꼭 맞게 처리되어 가슴을 강조하는 스타일이나 목선이 지나치게 파여 있는 옷은 비즈니스 복장으로 적절하지 않다.

(2) 블라우스(Blouse)

직장여성이 슈트 안에 입을 수 있는 블라우스로는 단색의 셔츠 칼라나 리본 칼라 정도가 가장 무난하다. 보수적인 슈트는 블라우스의 모양이나 색상에 따라 변화가 가능하다. 화려한 프릴이나 레이스가 많은 스타일, 너무 드레시하거나 섹시한 것은 역효과를 줄 수 있으므로 TPO(시간 · 장소 · 목적)에 맞는 블라우스의 선택이 중요하다.

(3) 바지(Pants)

바지는 재킷과 한 벌로 정장으로 입거나 블라우스, 셔츠 등과 같이 코디해서 착용한다. 팬츠라고 불리는 바지는 하체의 양쪽 다리가 분류된 형태로 바지의 통, 길이, 외곽선의 형태, 허리선의 위치에 따라 명칭도 다르다. 사무직 여성은 블랙이나 어두운 색상의 바지를 코디하여 차분하고 지적으로 연출할 수 있다.

(4) 조끼(Vest)

조끼는 유행에 따라 짧거나 긴 스타일을 즐겨 입는다. 블라우스나 셔츠 안에 코디하도록 하고 부드러운 느낌을 주려면 액세서리와 함께 착용한다. 모직정장을 입고 그 안에 조끼를 받쳐 입으면 지나치게 딱딱해 보이고 강한 느낌을 줄 수 있으므로 주의하도록 한다.

(5) 액세서리

여성의 패션은 액세서리와 조화를 이루지 못하면 세련된 느낌을 주기 어렵다. 최근엔 특히 퍼스널 이미지를 스타일링 하는 데 있어 액세서리는 매우 중요한 역할을 한다. 또한 사용목적에 따라 기능성과 장식성이 필요하기에 토털 코디네이션에 있어 그 중요성과 필요성이 강조되고 있다. 액세서리는 여러 종류를 한꺼번에 하기보다 한두 개로 그 효과를 극대화하는 것이 좋은 연출법이다. 액세서리는 화려한 옷보다는 단순한 디자인의 옷에서 더욱 돋보이며 비슷한 느낌이 나는 디자인을 선택하는 것이 더욱 맵시가 난다.

1 스카프

패션 액세서리 중에서 스카프는 다양한 연출법에 따라 원하는 분위기를 연출할 수 있고 개성을 표현할 수 있는 패션 소품이다 스카프는 어깨에 걸치기도 하고 목에 두르기도 하는 등 여러 가지 형태로 사용된다. 스카프를 멋지게 연출하기 위해서는 피부색과 이미지, 평소 잘 입는 의상 등 얼굴형이나 체형에 따라 어울리도록 스카프를 잘 연출하여야 한다. 예를 들어 스카프를 할 때는 매는 방법이 중요한 것이 아니라 체형과의 조화를 생각해서 매는 것이 중요하다. 목이 짧은 사람은 목을 최대한 시원스레 보이기 위해 아래로 묶거나 세로로 늘어뜨리는 방법이 적당하다. 또한 의상이 단색이면 화려한 스카프를 의상이 화려하면 단색의 스카프를 매는 것이 좋다. 그리고 옷의 소재가 두껍다면 오히려 얇은 소재의 스카프를 하는 것이 멋스러울 수 있다.

2) 체형에 따른 여성 패션 이미지

(1) 키가 작고 마른 체형

이런 체형은 빈약한 인상을 주게 되어 부피감을 살려 줄 필요가 있는데 색감은 화이트나 베이지, 아이보리의 밝은 계열로 상의와 하의의 톤을 유지시켜 키가 조금 더 커보이게 한다. 상・하의를 다르게 입을 때는 상의는 화사한 색으로 하의는 짙은 색으로 코디한다. 피부 톤이 검을 때는 약간 엷은 페일 톤이 좋다.

(2) 보통 키의 마른 체형

롱팬츠와 롱재킷은 효과적인 코디이다. 위, 아래가 같은 짙은 색을 입으면 오히려 더 슬림하게 보인다. 마른 체형을 보완하기 위해 밝고 환한 색상을 선택하는 것이 좋으며 밝은 모노 톤에 약간 어두운 모노 톤을 매치시키면 마른 몸매를 보완할 수 있다. 슬림한 체형은 미니스커트나 미니원피스로 귀엽고 여성스러운 이미지를 효과적으로 나타낼 수 있다.

(3) 큰 키의 마른 체형

많은 여성이 선호하는 체형으로 아래위를 절개해서 입고 상의를 환한 색으로 입는 것이 효과적이다. 마른 몸을 강조하거나 그대로 드러나는 딱 붙는 옷은 피하는 것이 좋다. 밝고 환한 정장이나 밝은 톤의 지적인 이미지를 주는 모노 톤으로 연출하는 것이 좋고 오렌지색이나 감색도 체형 보완에 좋다. 긴 머리와 확실한 액세서리가 잘 어울리는 체형이다.

(4) 작은 키의 보통 체형

상·하의의 색감을 동일하게 하거나 프린세스 라인의 원피스, 롱팬츠는 키가 커보이게 할 수 있다. 아이보리나 베이지 톤이 잘 어울리고 상반신에 스카프나 액세서리로 포인트를 주어 시선을 위로 오게 하는 것이 좋다. 구두는 높은 굽으로 작은 키를 보완하고 롱 팬츠가 잘 어울린다.

(5) 작은 키의 뚱뚱한 체형

귀엽고 깜직한 스타일이 좋다. 어두운 색이 체형을 보완하는 데 도움이 된다. 어두운 색으로 코디를 하는 경우는 상체에 액세서리로 코디를 하고 스카프를 매는 경우 목에 감는 것보다는 스카프를 늘어뜨리는 것이 좋다. 하체가 길어 보이는 롱팬츠나 롱스커트를 착용하고 치마를 입을 경우 스타킹 색은 치마와 같은 색을 신는 것이 다리를 길어 보이게 할 수 있다.

3) 여성 트렌드별 이미지

(1) 내추럴 이미지(Natural Image)

패션디자인에서 보이는 자연스런 이미지를 말하며 소재의 특성을 살려 색채 대비가 크지 않은 온화하고 부드러운 이미지를 연출한다. 대부분의 디자인은 편한 디자인이 많고 소재도 천연 소재를 중심으로 사용한다. 면이나 데님 등 천연 소재와 내추럴풍으로 스톤워시 가공된 실크 브로이드 소재, 폭스파이버, 면, 마를 사용하여 평직으로 제작된 머슬린, 모헤어거즈, 리사이클링 등이 자연스러운 이미지를 표출하는 소재라 할 수 있다.

(2) 로맨틱 이미지(Romantic Image)

로맨틱한 이미지는 부드럽고 감미로우며 사랑스러운 이미지로 인체의 곡선을 살려서 풍만한 가슴과 잘록한 허리, 어깨선이 둥근 신체의 여성스러운 곡선을 드러내는 스타일이다. 잔잔한 무늬가 있는 소재와 작고 자유분방하고 귀여운 장식이 첨가되며 여성다운 문양에 부드러운 인상의 연한 파스텔 톤을 사용한다. 리본 장식, 주름 컬러, 벨벳, 레이스, 다마스크, 시스루소재, 새틴, 비즈 장식 등이 복합적으로 사용되어 이미지를 창출한다.

(3) 클래식 이미지(Classic Image)

클래식은 고전적인 양식으로 정돈된 듯 보수적 이미지로서 신뢰를 바탕으로 과거의 향수를 느끼게 하는 이미지이다. 또한 품위 있고 깔끔한 인상을 주어 지성미와 교양미를 여성 최대의 아름다움으로 연출시키고 고전 스타일을 바탕으로 소재는 트위드, 헤링본, 타탄체크, 모헤어, 기모가 있는 따뜻한 소모직물 등이 자주 애용된다. 깊이가 있어 보이는 차분한 색상이 주조이며 성숙해 보이고 원숙미가 돋보이는 고전적이며 화려한 느낌이 있다.

(4) 엘레강스 이미지(Elegance Image)

품위 있고 고급스러움이 느껴지는 우아한 이미지로 여성스럽고 성숙한 느낌, 부드러우면서도 세련된 느낌, 드레시한 타입으로 색상은 점잖은 톤으로서 디테일이 많지 않은 것이 포인트이다.

(5) 에스닉 이미지(Ethenic Image)

에스닉 이미지는 각 나라에서 전해져 오는 민속적인 분위기를 연출하고 토속적이며 소박한 느낌의 이미지이다. 아기자기하지만 동양적이면서도 소수민족의 이미지를 강하게 풍기는 소재들에서 느껴지는 패션 이미지이다. 민속적인 문양의 자수와 프린트, 염색, 직물, 자수 등에서 힌트를 얻고 자연과 문화의 융합으로 자연환경에 오염되지 않는 민속적인 문양을 사용한다. 트위드와 가죽, 수공예의 펠트와 기하학적 문양이나 플로럴 패턴, 패치워크가 가미된 에스닉 무드가 있다.

(6) 스포티브 이미지(Sportive Image)

스포티브 이미지는 캐주얼웨어나 스포츠웨어에서 쉽게 볼 수 있는 밝고 건강함을 추구하는 패션 이미지이다. 사용하는 소재는 운동복에 적합한 소재들이 많으며, 신축성에 있어 활동이 용이하고 방수, 투습성이 있는 고기능 첨단 소재들이 많이 사용되는 경향이 있다. 이제 스포츠는 일상생활에 깊숙이 영향을 미치고 있으므로 운동선수와 같은 디자인의 스포티브 이미지도 각광받고 있다.

(7) 모던 이미지(Modern Image)

모던 이미지는 매우 현대적인 느낌과 지적인 느낌의 디자인에서 찾아볼 수 있는 패션 이미지로 스타일은 대부분 단순, 명료하다. 따라서 사용하는 소재도 견고하고 솔리드한 소재를 이용해 디자인을 표현하기 적합해야 한다. 비비드한 컬러는 배제하고 흰색, 회색, 블랙 계열의 무채색을 선호한다. 대부분 스타일을 강조할 수 있는 모직 트윌 등의 소재들이 애용된다.

(8) 포클로어 이미지(Folk lore Image)

포클로어 이미지는 민속풍의 이미지로 동부유럽의 민속축제를 연상시키는 이미지이다. “민속학”이란 뜻의 포클로어는 전원적인 취향의 일반적인 민속을 뜻하며 많은 꽃문양 자수와 레이스 장식, 실용적인 에이프런 등이 특징적이나 화려한 레이스나 리본 장식을 사용한 화사한 축제복 느낌의 디자인에서 찾을 수 있다.

(9) 아방가르드 이미지(Avant-Garde Image)

아방가르드 이미지는 매우 도발적이며 전위적이고 실험정신이 강하게 느껴지는 이미지이다. 일상적인 스타일의 디자인보다 소재의 사용이 실험적이고 과감하다. 미래지향적 디자인도 여기 속하며 코스모스룩, 스페이스룩, 사이버룩 등도 전위적 디자인의 하나라 할 수 있다.

(10) 하이테크 이미지(High-Tech Image)

첨단기술의 발달과 그로 인해 출현된 새로운 소재를 사용한 디자인에서 보이는 이미지로 새로운 기술을 보이기 위해 디자인이나 패션 스타일이 매우 실험적이며 조형적인 것이 특징이다. 실용주의와 기능주의 패션 상품의 신소재 개발로 패션의 새로운 패러다임을 제안하기 위해 노력하는 의지가 강한 디자인이다. 소재는 패팅, 퀼팅, 코팅된 가죽, 라미네, 폴리우레탄 등이 자유분방하게 활용된다.

4) 여성과 향수

향은 인류의 역사가 시작되면서부터 종교의식, 화장, 의학, 요리와 함께 인간의 생활에 깊이 자리잡아 왔다. 향은 오감 중에서 가장 민감한 부분인 후각을 자극하며 이러한 향을 이용한 대표적인 제품으로 향수가 있다. 향의 사용이 대중화된 것은 19세기 이후 인조향의 합성법 개발로 인해 대중들에게 급속히 보급된 이후였으며 20세기 이후 여성들의 사회진출이 보편화되고 국민소득의 증대와 생활수준의 향상으로 인해 향수를 사용하는 정도가 증대하게 되었다.

(1) 향수의 정의와 성분

많은 종류의 방향제품 중에서 향료의 비율이 20~30% 정도까지 되는 것을 향수라고 부른다. 향수는 농도가 진한 것부터 연한 것까지 향수, 오데퍼퓸, 오데투왈렛, 샤워코롱으로 불리는데 향수에 사용된 향의 탑 노트(top note), 미들 노트(middle note), 라스트 노트(last note) 각각은 초기 확산력, 중간 바디, 잔향 및 지속력에 관계된다. 향수의 재료인 향료는 천연향료와 합성향료로 나뉘고 천연향료는 사향 등 동물성과 감귤(Citrus), 나무(Woody), 꽃(Floral),허브(Hub), 스파이시(Spicy), 발삼(Balsam)향 등의 식물성이 있고 합성향료에는 천연향료의 정유 등에 의해 유리된 유리향료와 테르팬(Terpene) 화합물과 석유화학 제품 등의 원료를 이용한 순합성향료가 있다.

(2) 향수의 기원 및 변천

향수를 뜻하는 "perfume"의 어원은 라틴어에서 찾아볼 수 있는데 어원인 라틴어 "per fumum"은 "연기를 통해서 나온다"는 뜻이다. 향료는 고대 문명기 이래 귀중품으로 금, 은, 보석과 마찬가지로 값비싼 상품으로 취급되어 왔으며 부를 가져오는 원천 중 하나로 당시 상인들은 값비싼 향료를 화폐 대용으로 사용하기도 했다. 인간이 향을 사용하기 시작한 것은 약 4~5천년부터이고 향수는 고대 신께 올리는 제단에서 향을 피우고 제사를 지내는 종교의식에서 좋은 향내가 나는 나뭇가지나 식물을 피워 신에게 경의를 표하고 향기 있는 식물을 태워 그 향으로 질병을 없앤다고 믿는 것에서부터 그 기원을 찾을 수 있다.

향수는 향료를 알코올에 용해시켜 만든 것으로 최초의 알코올 향수로 알려진 제품은 1370년 헝가리 워터(Hungary Water)였다. 이 향수는 헝가리의 엘리자베스 여왕에게 헌납되었고 이 향수를 즐겨 사용했던 여왕은 70세가 넘은 나이임에도 불구하고 폴란드 국왕의 청혼을 받았다고 한다. 16~17세기에는 향 문화가 급속히 발달하였는데 용현향이 나는 둥근 보석을 의미하는 "포망데르(Pomander)"가 16세기엔 크게 유행하였는데 금이나 은으로 만든 이 둥근 보석은 당시 가장 효과가 뛰어난 의약품으로 여겨졌다. 포망데르에는 비액체성 향수가 들어 있어 열병, 두통은 물론 페스트 예방에까지 이용되었다. 18세기 파리 외곽지대인 생토노레(Saint-Honore)에 최초의 향수 제조공장이 세워지고 향수에 대한 열광이 온 유럽을 휩쓸며 향수는 효과적인 방향제로 일상생활에 깊숙이 침투하였고 필수품이 되었다. 19세기에는 많은 향수 숍이 등장하게 되었고 대부분 향수제품은 오트 쿠튀르의 이름을 브랜드화 하고 피에르프랑소와 다냥, 겔랑, 우비강과 같은 향수제조업자들이 활발한 활동을 벌였다.

1920년대는 향수와 패션이 결합된 시기로 전쟁 후 완전히 새로운 스타일이 나타나고 가장 유명한 디자이너 가브리엘 코코 샤넬이 향수시장에 뛰어들어 최초의 알데히드 계열 향수인 "샤넬 N^O 5"를 탄생시켰다.

2000년대에는 향수의 여러 트렌드가 형성되고 있는 가운데 1990년의 에콜로지 컨셉이 더 강화되어 아로마테라피, 릴렉싱, 에너자이징 같은 테라피 효능을 어필하는 웰빙형 향수들이 등장하였다. 가장 최근인 2009년 트렌드로 "플랭커(Flanker)" 향수가 봇물을 이루고 있는데 원래 플랭커는 사전적 의미로 측면 보루, 측면 방위부대라는 뜻으로 오리지널 제품의 기본 향취에 새로운 향을 첨가해 변화를 주거나 패키지를 달리 디자인 하는 등 기존 제품을 재해석한 것으로 오리지널 향수의 다양한 측면을 보여주는 것으로 풀이된다.

(3) 향료의 종류 및 특징

향료는 크게 천연향료와 합성향료로 분류되며 천연향료는 식물성과 동물성 향료로 구분된다.

1 식물성 향료

- 플로랄 오일(장미, 제스민, 만향옥, 일랑일랑)
- 허브 오일(로즈마리, 바질, 민트)
- 리프 오일(패출리, 제라늄)
- 스파이스 오일(정향, 시나몬, 후추, 바닐라)
- 뿌리 오일(베티버, 흰붓꽃뿌리)
- 우드 오일(자단, 백단향)
- 시트러스 오일(만다린, 베르가모트)
- 검 앤 발삼(향유)

2 동물성 향료

머스크(Musk), 시벳(Civet), 캐스토리움(Castoreum), 앰버그리스(Ambergris) 등이 있다.

3 합성향료

화학적으로 합성한 것으로 알데히드(Aldehyde), 벤젠노이드(Benzenoid),알코올 등이 있다.

4 조합향료

천연향료와 합성향료를 모두 조합해서 만든 것으로 새롭고 다양한 향이 만들어진 향료이다.

(4) 향수의 종류 및 특징

향수는 여러 향료의 조합으로 만들어져 하나의 향으로는 설명할 수 없다. 대부분의 향수는 계열의 종류와 농도에 따라 달라진다.

1 농도에 따른 분류

향수는 농축 정도, 즉 알코올에 대한 향수 원액의 함유 비율에 따라 퍼퓸(Perfume), 오 드 퍼퓸(Eau de Perfume), 오 드 트왈렛(Eau de Toilette), 오 드 콜로뉴(Eau de Cologne), 샤워 코롱(Shower Cologne) 등으로 구분된다.

- 퍼퓸(Perfume) : 알코올 70~80%에 향 원액이 15~25% 정도 함유된 것으로 향이 가장 풍부하고 강하기 때문에 조금씩 귀 뒤, 목, 팔목 등의 신체 부위에 발라주어야 한다. 향은 약 12시간 정도 지속된다.
- 오 드 퍼퓸(Eau de Perfume) : 퍼퓸과 오 드 트왈렛의 중간 타입이며 퍼퓸에 가까운 지속성과 향을 가지고 있다. 알코올 72~92%에 향 원액이 10~15%로 퍼퓸 다음으로 농도가 진하고 지속시간은 7시간 전후이며 일상적으로 사용할 수 있는 타입이다.
- 오 드 트왈렛(Eau de Toilette) : 오 드 트왈렛은 "화장수"란 의미로 가장 많이 사용되는 종류이다. 6~8%의 향료를 농도 80%인 알코올에 부향시킨 제품이고 향의 지속시간은 3~4시간 정도이다. 처음 사용하는 사람에게 적당하다.
- 오 드 코롱(Eau de Cologne) : 알코올 특유의 자극적인 냄새가 없어 향이 부드러우나 지속성이 적어 잔향이 오래 남지 않는다는 단점이 있다. 알코올 93~95%에 향 원액이 3~5% 함유된 제품이다.
- 샤워 코롱(Shower Cologne) : 목욕이나 샤워 후에 가볍게 사용하면 좋은 제품으로 2~5%의 낮은 함량의 원액을 함유하고 있다. 향에 익숙하지 않은 사람들이 부담 없이 사용할 수 있다.

2 계열에 따른 분류

향을 계열별로 분류하면 플로랄(Floral), 시트러스(Citrus), 시프레(Chypre), 오리엔탈(Oriental), 알데히드(Aldehyde), 푸제르(Fougere), 스파이시(Spicy), 프루티(Fruity), 우디(Woody), 그린(Green), 파우더리(Powdery), 타바코-레더(Tabacco-leather) 등으로 나눈다.

이를 다시 세분화하여 싱글 플로랄, 플로랄 부케 등 동일한 계열로 분류되기도 하고 플로리엔탈, 시트러스 우디, 우디-프루티-플로랄, 플로랄-알데히드-시프레 등 타 계열과 합쳐져 새로운 향조를 만들어내기도 한다. 최근엔 합성향료의 개발로 아쿠아(Aqua), 오셔닉(Oceanic) 등 새로운 계열의 향이 탄생하기도 하였다. 향수를 계열별로 분류하는 방법은 회사마다 다르지만 스위스 향료회사 퍼메니시(Firmenich)는 여성과 남성용 향수를 4가지로 분류하였는데 여성용 향수는 시트러스, 플로랄, 오리엔탈, 시프레 계열로 분류하였고 남성용 향수는 시트러스, 아로마, 우디, 오리엔탈 계열로 분류하고 있다.

3 향기 타입에 따른 분류

- 싱글 플로랄 타입 : 한 종류의 꽃향기를 표현한 향수로서 달콤하며 부드럽고 여성스러운 느낌으로 로사리움(시세이도), 뮤게 드 보아(코티), 로즈 가르뎅(피에르 가르뎅) 등의 제품이 있다.
- 플로랄 부케 타입 : 여러 송이의 꽃을 꽃다발로 한 것 같은 향기가 특징이며 제품으로는 아나이스(까사렐), 죠이(장파토), 파리(입생로랑), 레드 뒤(니나리찌),뷰티플(에스티로더), 죠르지오(비버리힐즈)가 있다.
- 알데히드 타입 : 플로랄을 기본 베이스로 한 위에 지방족 알데히드를 더하여 보다 새로운 감각을 불어넣은 것이 특징이다. N^O 5(샤넬), 알페쥬(랑방), 마담 로샤스(로샤스), 파람(에르메스) 등의 제품이 대표적이다.
- 그린 타입 : 초원을 연상하는 풀, 나무, 싱싱한 초록 잎과 같은 자연 친화감을 주고 상쾌한 느낌의 향으로 밴 바드(발만), Y(입생로랑), 캘빈 클라인(캘빈 클라인), 아리아지(에스티 로더), N^O 9(샤넬) 등이 있다.

- 우디 타입 : 따뜻함을 주고 나무를 연상 시키는 향수로 젠틀맨(지방시), 오 드 베티버(겔랑), 베티버(랑방) 등의 제품이 있다.
- 시프레 타입 : 시프레는 지중해에 있는 키프로스섬을 지칭하는데 떡갈나무에 서식하는 오크모스에 베르가모트의 액센트가 들어가 조화를 이룬 향을 말한다. 그을린 듯한 향으로 가을에서 겨울철에 어울리는 조용하며 격조 있는 향이다. 미쯔코(겔랑), 미스디올(크리스찬디올), 마그리프(칼반), 카보샤르(쿠레), 아라미스(에스티로더), 홧므(로샤스) 등이 있다.
- 푸제르 타입 : 싱싱하고 촉촉한 향조를 지닌 "Fougere Royal / Houbigant (1882)"에서 유래되었으며 라벤더 타입이라고도 한다. 남성의 포멀한 차림에 잘 어울리고 커리어우먼에게도 애용된다. 제품은 퍼 홈(파코라반), 투스카니(에스티로더), 코러스(입생로랑), 폴로(랄프로렌) 등이 있다.
- 타바코 레더 타입 : 가죽 냄새로 액센트를 준 것으로 환상적인 타르와 동물적 요소를 지닌 향조로 개성이 강한 남성의 향기를 느낄 수 있고 가죽 점퍼, 승마복, 턱시도 차림에 어울린다. 제품으로 타바크 브론드(카론), 에퀴 페지(에르메스) 등이 있다.
- 오리엔탈 타입 : 동양의 신비하고 엑조틱한 이미지로 무스크, 앰버, 시벱 등 동물성 향료가 많이 배합된 것이 특징이다. 지속성이 풍부하며 제품으로 오피움(입생로랑), 삼사라(겔랑), 타부(다나), 유스 듀(에스티로더) 등이 있고 특히 쁘와종(디오르), 트레졸(랑콤) 제품은 후로랄과 오리엔탈 타입을 믹스한 것이다.
- 시트러스 타입 : 감귤의 향기가 특징이며 휘발성이 강하고 지속성이 짧다. 오렌지, 레몬 향으로 친근감을 준다. 오 드 코롱 임페리얼(겔랑), 진 마리 파리나(로저 & 갈렛), 오 드 코롱 에르메스(에르메스) 등이 있다.

(5) 향수 관련 용어

1 노트(Note)

한 가지 원료나 여러 가지 원료의 배합에서 나오는 후각적인 인상을 가리키는 말로 원래는 음악에서 쓰이는 말(음표)이다.

2 탑 노트(Top Note)

향수 용기를 개봉했을 때 또는 피부에 뿌렸을 때 바로 나는 향으로 "향수의 인상"이라 할 수 있다. 뿌린 후 5~10분 뒤에 몸에 배는 향이다.

3 미들 노트(Middle Note)

향수를 구성하는 요소들이 조화롭게 배합을 이뤄 중간 단계에서 느껴지는 향으로 하트 노트(Heart Note)라고도 한다. 뿌린 후 30~50분 뒤에 은은하게 몸에 베이는 향으로 본연의 향을 풍부하게 느낄 수 있다.

4 라스트 노트(Last Note)

은근하게 맨 마지막에 배이는 향이고 뿌린 후 2~3시간 뒤에 자신의 체취와 향이 조화롭게 느껴진다.

5 베이스 노트(Base Note)

향수를 뿌린 후 계속 은은하게 지속되는 향의 여운을 베이스 노트라 한다.

(6) 향수의 올바른 사용법

① 향수의 선택은 피부 타입이나 체형, 연령에 따라 알맞은 것을 선택한다. 지성인 사람은 신선하고 깔끔한 느낌을 갖는 오데코롱을 사용하고 건성 피부이면 향기의 지속시간이 짧은 편이므로 적은 양씩 자주 사용한다. 마른 사람은 후레시하고 상큼한 것으로 살찐 사람은 달콤한 플로랄 부케 향이 잘 어울린다.

② 향수는 신체의 귀 뒤나 팔 안쪽, 손목, 정강이 안쪽, 무릎, 손바닥, 목덜미 등이 향수를 뿌리기 좋은 부위이다. 또한 향기는 아래에서 위로 올라가면서 퍼지고 체온이 높고 맥박이 뛰는 곳일수록 확산이 잘 되어 하

반신 쪽에 발라야 오래 지속된다.

③ 트라이앵글 존(Triangle Zone)에는 사용하지 않는데 이것은 땀이 많이 나서 향수를 뿌리면 안 되는 곳을 의미하며 머리와 양 겨드랑이를 뜻한다.

④ 향수를 구입할 때는 가능한 후각이 오후에 가장 민감해지므로 오후에 사는 것이 좋고 향수의 보관은 광선이나 고온에 노출되면 변질될 수 있으므로 서늘한 그늘에 보관한다.

⑤ 업무를 수행하는 사무실 공간에서는 강한 향보다 오 드 트왈렛이나 오 드 코롱이 좋고 여름이면 시트러스나 코롱 타입을 사용하고 겨울에는 따스함이 느껴지는 오리엔탈이나 시프레 타입이 좋다.

면접은 단시간에 자신이 가지고 있는
최상의 이미지를 연출하여
성공적으로 자신을 표현해야 한다.
또한 면접은 개인의 기본적 인성과 자질, 적성,
대인관계 등을 판단하는 중요한 수단이 되기도 한다.
기업에서는 경쟁력 있는 인재를 확보할 수 있는
선택의 폭이 넓어짐에 따라 응시자 스스로가 기업이 원하는
바른 인재상이 될 수 있다는 강한 신뢰감을
면접관에게 심어주는 것이 무척 중요하다.

11. 면접 이미지

Interview Image

01 성공적 면접을 위한 이미지 연출법

성공적인 면접을 얻기 위해서는 무엇보다 면접에 임하는 바른 태도가 필요한데 오랫동안 많은 준비와 훈련을 해왔을지라도 면접장에서 지나치게 긴장한 탓에 실수를 하는 경우가 종종 있다. 이는 면접에 있어 절대적으로 마이너스 요소가 되므로 지속적인 노력으로 예의바른 자세와 자신감 있는 태도, 창의력과 적극성을 보여주는 당당한 모습을 갖추고 지원하고자 하는 업무에 대한 폭넓은 사전지식과 대처능력을 키워야 한다.

1) 이력서 및 자기소개서 작성요령

면접서류에서 이력서나 자기소개서는 자신을 알릴 수 있는 가장 중요한 수단이다. 면접서류를 작성할 때는 무조건 많은 내용을 담기보다는 의미 있는 내용이나 자신의 장점을 일관되게 주장하고 강조하여 자신을 매력적으로 표현하는 강한 인상을 주어야 한다. 또한 주요 경력을 한눈에 알아보기 쉽게 활동사항을 수상경력, 리더활동, 해외경험으로 구분해 작성하는 것이 효과적일 것이다. 자기소개서는 특히 천편일률적이고 교훈적인 말의 나열을 피하고 자신의 특별한 경험이나 행동을 바탕으로 한 실증적이고 구체적 사례를 적도록 한다. 자신의 포부와 미래상, 잘하는 분야, 입사 뒤 하고 싶은 일 등을 장기적 비전을 세워 구체적인 사례와 함께 적어야 한다.

	Good Point	Bad Point
경　력	경험, 에피소드를 바탕으로 희망 직무에 맞게 스토리텔링 한다.	단순 경험만 백화점식으로 나열한다.
자 격 증	비교 우위에 있는 자격증부터 역 피라미드식으로 작성한다.	단순자격증(운전면허)을 적거나 컴퓨터 관련 세세한 능력까지 자격증 란을 빼곡히 채운다.
성장과정	성장과정에서 배운 나만의 강점을 중심으로 작성한다.	일반적인 가족관계 중심으로 성장과정을 풀어간다.
장 단 점	장점을 먼저 쓰고 단점을 나중에 쓴 다음 단점을 극복하기 위해 어떤 노력을 해왔는지를 기술한다.	추진력, 리더십, 인간관계 등 보기에 좋은 장점만을 나열한다.

이력서, 자기소개 컨설팅(조선일보, 2009 인용)

2) 면접 이미지 메이킹

새로운 사람을 대면할 때 사람들은 상대의 첫인상을 통해 이미지를 형성하는데 면접은 첫인상이 70% 이상을 좌우한다. 즉 면접에서는 짧은 시간 안에 자신의 장점을 최대한 부각시켜 좋은 인상을 남겨야 한다. 성실하고 근면한 태도, 열정을 보이며 진솔한 말투와 날카로운 질문에도 밝은 표정을 유지하는 것이 좋으며 바른 자세, 옷차림, 표정, 걸음걸이, 안정된 목소리, 말하기 능력 등 첫인상에서 신뢰감을 형성하는 요소의 중요성을 깊이 인식하여 평상시에도 꾸준히 연습하고 행하도록 하여 준비된 이미지를 보여주어야 한다.

	Good Point	Bad Point
간단한 자기소개	"~경험을 바탕으로 ~분야에서 일하고 싶은 ○○○입니다"라고 두괄식으로 자기소개를 시작한다.	외워 온 듯한 표현이 많고 자기소개의 핵심을 미괄식으로 소개한다.
기업에 대한 질문	기업의 특성에 맞게 준비했다는 느낌을 주면서(충분히 조사한 만큼) 고민의 흔적도 엿보인다.	회사업무 파악도 제대로 안 된 상태에서 좋은 기업이라고 두루뭉술하게 응답한다.
지원동기	회사의 인재상과 자신의 경험을 연결해 지원동기를 밝힌다.	"~라는 내용 기사를 보고 ○○○기업에 지원하게 됐다"고 틀에 박힌 답변을 한다.

면접 컨설팅(조선일보, 2009 인용)

3) 면접별 유형

최근의 면접이 다양한 형태로 변하고 있다. 면접횟수나 면접시간의 증가는 물론이고 실무자 면접의 기회도 훨씬 확대됨에 따라 응시자는 면접의 유형에 대비하여 실전 면접을 위해 철저하게 준비하여야 한다. 예를 들면 토론면접에서 상대방의 의견을 잘 듣고 있다는 느낌을 주는 것이 중요한데 반대편 의견을 간단하게 정리해주는 것도 좋고 자신과 반대의 의견에 질문이 너무 잦으면 너무 공격적이라는 느낌도 줄 수 있다. 자기소개는 자신의 경험과 성격을 지원분야에 어떻게 활용할 것인가를 인상적으로 표현할 방법을 찾아야 하며 답이 없는 질문의 경우 하나를 선택해 논리적으로 설명하는 것이 중요하다. 또한 지원하는 회사와 업무에 대한 기본적인 정보를 숙지해야 한다.

(1) 집단토론 면접방식

집단토론 면접방식은 자유로운 분위기에서 한 주제를 주고 함께 토론하는 과정에서 인재를 발굴하는 평가면접으로, 토론하는 과정에서 얼마나 열린 자세로 다른 사람의 의견을 청취할 수 있느냐가 중요하다. 또한 상대방의 이야기에 어떻게 반응하는가도 몹시 중요한 점인데 자신의 의견과 다르다 하여 상대방의 말을 도중에 가로막거나 흥분하지 말고 이성적으로 설득할 수 있도록 노력하며 최대한 열정을 가지고 적극적인 모습을 보인다.

(2) 프레젠테이션 면접(주제발표식 면접)

프레젠테이션 면접은 정해진 시간 안에 특정 주제를 가지고 발표를 준비하는데 면접관은 응시자의 발표를 통해 논리력과 창의력, 전문성, 기획, 분석력 등을 파악하게 된다. 만일 면접관이 발표시 잘못된 점을 지적하면 즉각적으로 수용하는 자세를 보이고 자신 이외에도 동료 응시자에 대한 프레젠테이션 경청태도 및 질문도 평가대상이 된다는 점을 명심한다.

(3) 그룹 면접(실무진 면접)

실무진 면접은 일반적으로 보통 1차 면접에서 실시하는 면접형태로 다수의 면접관이 다수의 응시자들을 면접하는 방법이다. 면접관의 질문에 당황하지 않고 논리적이면서 창의적인 답변능력을 요구한다. 그룹 면접은 주제를 토론하는 것으로 반드시 정답이 있는 것은 아니므로 남의 의견을 경청하면서 자기주장을 하는 것이 좋다.

(4) 압박 면접

심화 면접방식으로 응시자를 심리적으로 압박하여 상황대처능력과 문제해결능력을 평가하기 위한 면접방식이다. 일부러 응시자의 말꼬리를 잡고 비난하기도 하며 고의로 약점을 들춰내기도 하는데 여유 있게 대처하도록 한다. 대답하기 난처한 질문에 대해서는 문제를 인정하고 문제와 다른 긍정적인 점을 부각시키도록 노력하는 것이 좋다. 면접관은 응시자의 자제력, 인내력, 판단력 등의 변화를 관찰한다.

(5) 외국어 면접

외국어 면접은 원활한 외국어 구사능력이다. 따라서 외국계 기업을 응시할 경우 일반 면접과정에서도 자기소개에서부터 제품소개, 상황설명 등 다양한 주제의 외국어 구사능력을 검증한다. 단어사용의 경우에도 감정적이고 공격적인 단어를 쓰는 것보다 예의 바르고 긍정적인 단어를 사용한다.

4) 면접 에티켓

면접은 첫인상부터 좋은 이미지로 접근하여 최고의 모습을 보여주어야 한다. 면접관 앞에서 너무 긴장하여 할말도 못하고 초조해 하며 떨고 있는 모습은 최악의 시나리오가 된다. 그러므로 면접 이미지 태도에 만전을 기하도록 한다.

① 면접시 대답할 때는 반드시 미소 띤 얼굴로 면접관과 눈을 맞추면서 이야기한다.
② 답변은 간단명료하게 차분하면서도 당당하게 말하고 만일 질문을 잘못 들었을 경우 당황하지 말고 다시 물어본다.
③ 제스처도 신경을 쓰도록 하며 의자에 앉을 때는 허리를 펴고 앉고 당당한 자신감을 보여줄 수 있어야 한다.
④ 때로는 예의바른 유머로 호감을 사도록 한다.
⑤ 수동적인 답변이 아니라 적극적인 대화를 나누도록 한다.
⑥ 코를 만진다거나 머리에 손을 대거나 해서는 안 된다.
⑦ 말의 속도가 너무 빠르거나 해서는 안 되고 손이나 발을 떨지 않는다.
⑧ 말을 꾸며서 하거나 허세를 부리지 않도록 한다.
⑨ 면접관 앞에서는 배에 힘을 주고 말한다. 안정감 있는 호흡을 위해 평상시 복식호흡을 생활화 하고 호흡, 발성, 발음을 가다듬어 신뢰감 있는 목소리를 만든다.
⑩ 시선 처리는 면접관과 시선을 마주치는 데 부담이 되면 눈과 눈 사이쯤 바라본다.
⑪ 답변이 생각나지 않을 때 보통 오른쪽 위를 바라보는 경우가 많은데 어쩔 수 없을 때는 시선을 오른쪽 아래나 가운데로 내린다.
⑫ 자신감과 열정을 담은 표정을 보이고 말끝을 내려서 말하고 끝까지 긴장을 풀지 않는다.

5) 면접과 옷차림

면접에서 옷차림은 첫인상을 결정하는 중요한 기준이 된다. 따라서 호감 있는 인상을 주기 위해서는 옷차림에 신경 써야 한다. 특히 응시자가 사회초년생인 경우에는 완벽한 멋을 추구하기보다는 기본에 충실하고 신선한 이미지를 주는 것이 좋으며 자신의 체형에 맞는 스타일을 찾는 것이 중요하다.

(1) 남 성

남성의 경우 짙은 감색의 슈트나 줄무늬가 약간 있는 검정색 계열이 좋다. 셔츠는 흰색, 하늘색이 무난하고 넥타이는 골이 생기도록 매고 재킷 끝에 셔츠 소매가 살짝 보이는 것이 좋다. 헤어스타일은 깔끔하고 단정한 느낌을 주는 약간 짧은 자연스러운 스타일이 좋으며 젤이나 헤어스프레이로 단정하게 빗어 넘긴다.

(2) 여 성

여성의 경우에는 장식이 많거나 화려한 옷을 입는 것은 좋지 않고 차분한 컬러의 무릎 길이 스커트가 좋다. 자리에 앉았을 때 스커트를 손으로 살짝 앞쪽으로 밀어 단정하게 해주는 센스도 필요하다. 단아한 느낌을 주는 정장으로 블랙, 감색, 베이지 색상 계열의 투피스 정장이 좋고 블라우스는 어두운 색보다는 연한색이 좋다. 블라우스 대신 셔츠를 입어도 무방하다. 전체적인 옷차림의 색상 조화는 3가지를 넘지 않도록 신경 쓰도록 한다. 스타킹은 피부색 보다 한두 단계 어두운 살색이나 커피색의 팬티스타킹을 신어 다리를 예쁘게 보이도록 한다. 구두는 심플하고 낮은 굽이 적당하다. 액세서리는 한두 가지만 하고 귀걸이는 부착형이 좋다. 메이크업은 자연스럽고 밝은 이미지로 자신의 분위기에 맞게 표현하고 립스틱은 연한 색으로 한다. 헤어스타일은 지적인 이미지의 깔끔하고 단정한 생머리 단발, 세미커트 스타일이 무난하며 긴 머리는 늘어뜨리지 말고 하나로 가지런히 묶도록 하는 것이 좋다.

6) 업종별 면접요령과 옷차림

(1) 대기업 면접

일반적으로 대기업은 신뢰감을 줄 수 있는 옷차림이 중요하다. 그러므로 너무 화려하고 개성 있는 옷차림은 좋지 않다. 지적인 이미지의 감청색 정장에 화이트나 블루 계열의 셔츠가 좋고 넥타이는 문양이 화려지 않은 솔리드 패턴이나 가는 줄무늬가 좋다.

(2) 증권, 금융계 면접

금융 계통의 면접은 약간은 보수적인 직업이니 만큼 단정하고 예의바르게 연출한다. 고객 유치에 적극적이며 지적이고 신뢰감을 줄 수 있는 감청색, 회색 싱글 정장에 무늬 없는 단색, 흰색 셔츠가 무난하며 머리는 단정하게 빗어 올리는 것이 좋다.

(3) 항공사 면접

서비스업이므로 밝고 단정한 이미지와 명쾌한 태도를 보여주는 것이 좋다. 성격, 말씨, 걸음걸이, 자세, 지적이면서도 세련된 이미지가 좋다. 감색 스커트로 된 정장에 블라우스를 입어 단정하고 깔끔하게 연출하고 메이크업은 자연스러우면서도 세련된 느낌을 주도록 한다.

(4) 광고, 디자인 계열

광고 계통의 진보적 직업이라면 독창성과 개성을 돋보이게 하는 옷차림도 좋은데 캐주얼 재킷이나 세미정장 스타일이 좋다.

(5) 영업 & 마케팅

영업 & 마케팅 부서는 진취적이고 활동적인 이미지를 연출하는 것이 중요하다. 본인의 이미지가 회사와 제품을 대표하기 때문에 당당한 품위를 유지하면서 부드럽고 신뢰감 있는 느낌을 주는 것이 좋다. 원색보다는 블루나 베이지 계열의 셔츠와 붉은색이나 밝은 청색 계열의 넥타이로 코디하면 전체적인 조화와 통일감을 주어 안정감 있게 보인다.

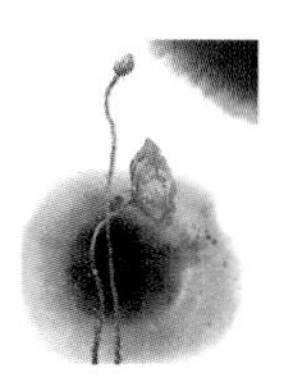

References

문병용. 오바마의 설득법, 길벗, 2009.

강경화. 메이크유업, 도서출판국제, 2008.

김경호. 이미지메이킹의 이론과 실제, 도서출판 높은오름, 2008.

김미자. 성공하는 리더의 글로벌매너, 백산출판사, 2008.

송유정 외. 이미지 메이킹, 예림, 2007.

로버트 엘머. 성공을 부르는 이미지마케팅10, 지식의 샘, 2006.

박한표. 글로벌문화와 매너, 한올출판사, 2005.

박혜정. 서비스맨의 이미지메이킹, 백산출판사, 2005.

이영희 외. 현대인의 생활매너, 백산출판사, 2005.

김유순. 스타일리스트를 위한 이미지메이킹, 예림, 2004.

김은주. 이미지마케팅으로 성공을 부른다, 한비미디어, 2004.

삼성에버랜드 서비스아카데미. 서비스 베이직, 삼성에버랜드(주), 2004.

허순득. 생활 속의 이미지연출, 형설출판사, 2004.

한정혜 외. 생활매너, 백산출판사, 2003.

허은아. 매너가 경쟁력이다, 아라크네. 2003.

데리 월드먼. 고객을 만들고 사람을 모으는 전화화술, 아이디북, 2002.

정연아. 물 흐르듯이 말하기, 21세기북스, 2002.

정연아. 성공하는 사람에겐 표정이 있다, 명진출판, 2002.

서명선. 매너와 신지식인, 백산출판사, 2001.

김준철. 국제화시대의 양주상식, 노문사, 2000.

이복영. 이미지컨설팅, 교문사, 2000.

이해영 외. 21세기 패션정보, 일진사, 2000.

장애란 외. 패션코디네이션, 예학사, 2000.

정삼호. 현대 패션모드, 교문사, 2000.

정연아. 성공의 법칙(이미지를 경영하라), 넥서스, 2000.

논 문

이미숙 외. 샤넬과 크리스티앙디오르의 향수 이미지 비교연구, 한국 디자인 문화학회, 2008.

전보경. 한국여성의 메이크업 이미지와 컬러에 관한 연구, 홍익대학교 산업대학원 석사학위논문, 2008.

국외 단행본

佐藤薫子. インターナショナル エチケット&おもてなしのテーブル, 共立速記印 株式会社, 2004.

참고 사이트

www.fashion-era.com

www.naver.com

www.daum.com

저자와의
합의하에
인지첩부
생략

파티플래너 정지수의 이미지 메이킹 파워

2009년 12월 30일 초판 1쇄 발행
2018년 1월 26일 초판 5쇄 발행

지은이 정지수
펴낸이 진욱상
펴낸곳 백산출판사
교 정 편집부
본문디자인 편집부
표지디자인 오정은

등 록 1974년 1월 9일 제406-1974-000001호
주 소 경기도 파주시 회동길 370(백산빌딩 3층)
전 화 02-914-1621(代)
팩 스 031-955-9911
이메일 edit@ibaeksan.kr
홈페이지 www.ibaeksan.kr

ISBN 978-89-6183-240-3
값 18,000원